MC SERIES Measurement&Control
計測・制御シリーズ

お絵描きプログラミングでハードウェア制御

計測制御バーチャル・ワークベンチ
LabVIEWでI/O

渡島 浩健 著

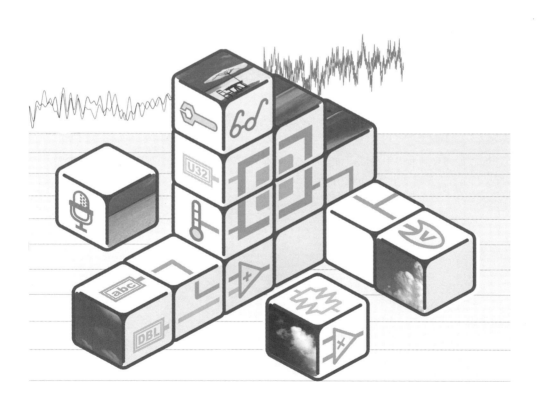

CQ出版社

■ はじめに

　本書の初版が発行されてから12年以上が経ち，LabVIEWとそれを取り巻く状況もずいぶんと変わりました．LabVIEWは着実にバージョンアップを続け，できることが格段に増えました．計測制御システムの開発環境として知名度が上がり，LabVIEW用の機器が数多く販売されるようになったからです．いまや，計測制御に関わる機器でLabVIEWから扱えないものはほとんどありません．

　技術の進歩と新たな機器が普及する速さにも驚かされます．テレビのアナログ放送が地デジに移行したのも，スマホの出荷台数がガラケーを超えたのもつい最近（2011年くらい）です．タブレットが普及したのはさらに後のはずなのに，もうそれ以前の記憶があいまいです．IoT（Internet of Things）によって，あらゆるものが端末であり，センサであり，コンピュータであることがあたりまえになりつつあります．

　このような状況を踏まえ，この改訂版では，LabVIEWの最新情報で書き直しました．VI（LabVIEW用プログラム）も最新の機能を使って作り直しました．解説は大幅に加筆し，LabVIEWプロジェクトや，もっとスマートなVIを作るためのプログラミング・スタイルにも触れています．

　この本を読んでいただきたいのは，パソコン（PC）を使って計測や制御をやってみたいという方です．もちろん，PCで何か他にもできることがないかと考えている，またLabVIEWそのものに興味のある方にもお勧めです．すでにLabVIEWを使いこなしている方には少々物足りないかもしれませんが，新人教育用には使えると思います．

　私は相変わらずLabVIEWが大好きです．20年以上もLabVIEWを使って仕事をしており，ほぼ毎日接していますがまったく飽きることがありません．プログラミング自体が楽しいし，特にハードウェアを制御しているときがいちばん面白いです．LabVIEWの素晴らしさを広く伝えたいという気持ちは初版を執筆したときと同じですが，本業のほうが楽しくて改訂版を執筆するのについ年数が経ってしまいました．

　さあ！PCの能力を画面の中だけに留まらせていないで，ぜひあなた自身の手で現実世界とリンクさせてあげましょう．とっても楽しいですよ．

2018年3月　渡島 浩健

目 次

はじめに ………………………………………………………………… 2

第0章　LabVIEWとは？ …………………………………………… 9
0-1　ツールとしてのLabVIEW ……………………………………… 10
● 本書の概要 ………………………………………………… 10
● 本書を読むための前提 …………………………………… 12
0-2　測定とは ……………………………………………………… 12
● 測定と単位 ………………………………………………… 12

第1章　測る道具 …………………………………………………… 15
1-1　測るということ ………………………………………………… 16
● 計量標準と測定器 ………………………………………… 16
1-2　アナログ測定器のしくみ ……………………………………… 17
● 測る対象はアナログ量 …………………………………… 17
● 電流計のしくみ …………………………………………… 18
1-3　ディジタル測定器のしくみ …………………………………… 19
● アナログからディジタルへ ……………………………… 19
● なぜディジタル化が進んだか …………………………… 20
1-4　A-Dコンバータとセンサ ……………………………………… 20
● レベル分解能 ……………………………………………… 20
● ビット数 …………………………………………………… 21
● 入力信号の範囲 …………………………………………… 21
● 実際の分解能 ……………………………………………… 21
● 時間分解能 ………………………………………………… 23
● A-Dコンバータの選び方の目安 ………………………… 25
● トランスデューサ（センサ）…………………………… 27
● センサの使い方 …………………………………………… 28
1-5　いろいろな測定器のしくみ …………………………………… 29
● ディジタル・スペクトラム・アナライザ ……………… 29

- ● ディジタル・オシロスコープ ・・・・・・・・・・・・・・・・・・・・・ 30
- ● FFTアナライザ ・・・・・・・・・・・・・・・・・・・・・・・・・・・・・・・ 30
- ●《参考》任意信号発生器 ・・・・・・・・・・・・・・・・・・・・・・・・・ 31

1-6 PCとの組み合わせ ・・・・・・・・・・・・・・・・・・・・・・・・・・・・・・・ 31
- ● 通信インターフェースで接続 ・・・・・・・・・・・・・・・・・・・ 31
- ● 区切りを変えると ・・・・・・・・・・・・・・・・・・・・・・・・・・・・・ 33

1-7 PCベースの測定器 ・・・・・・・・・・・・・・・・・・・・・・・・・・・・・・・・ 35
- ● スタンドアロン型 ・・・・・・・・・・・・・・・・・・・・・・・・・・・・・ 35
- ● PCに測定器の機能をどの程度まで入れるか ・・・・・・・・ 35
- ● PCベース測定でできること ・・・・・・・・・・・・・・・・・・・・ 36

- コラム1　周波数について ・・・・・・・・・・・・・・・・・・・・・・・・・・・・ 27
- コラム2　時代と技術のハードル ・・・・・・・・・・・・・・・・・・・・・・ 28
- コラム3　プラグ＆プレイ・センサ ・・・・・・・・・・・・・・・・・・・・ 32
- コラム4　PXI，VXIってなに？ ・・・・・・・・・・・・・・・・・・・・・・・ 38

第2章　システム・コントローラと仮想計測器 ・・・・・・・・ 39

2-1 制御装置 ・・・ 40
- ● 制御とは ・・・・・・・・・・・・・・・・・・・・・・・・・・・・・・・・・・・・・ 40
- ● D-Aコンバータ ・・・・・・・・・・・・・・・・・・・・・・・・・・・・・・・ 40
- ● トランスデューサ(パワー・ドライバ) ・・・・・・・・・・・・ 41
- ● スケジューラ ・・・・・・・・・・・・・・・・・・・・・・・・・・・・・・・・・ 41
- ● 計測結果を元に制御 ・・・・・・・・・・・・・・・・・・・・・・・・・・・ 41

2-2 データ処理 ・・・・・・・・・・・・・・・・・・・・・・・・・・・・・・・・・・・・・・・ 43
- ● データ処理 ・・・・・・・・・・・・・・・・・・・・・・・・・・・・・・・・・・・ 43
- ● 物理量に換算 ・・・・・・・・・・・・・・・・・・・・・・・・・・・・・・・・・ 43
- ● 演算 ・・・ 44
- ● 解析 ・・・ 44
- ● 表示 ・・・ 46

2-3 PC環境との融合 ・・・・・・・・・・・・・・・・・・・・・・・・・・・・・・・・・・・ 46
- ● PCの機能を使う ・・・・・・・・・・・・・・・・・・・・・・・・・・・・・・ 46
- ● 試験管理 ・・・・・・・・・・・・・・・・・・・・・・・・・・・・・・・・・・・・・ 46
- ● データベース ・・・・・・・・・・・・・・・・・・・・・・・・・・・・・・・・・ 48
- ● インターネット ・・・・・・・・・・・・・・・・・・・・・・・・・・・・・・・ 48
- ● PCの進化 ・・・・・・・・・・・・・・・・・・・・・・・・・・・・・・・・・・・・ 48

2-4 仮想化の意味 ………………………………………… 49
- 仮想計測器(バーチャル・インスツルメンツ) ………………… 49
- ハードは何でもかまわない？ ………………………………… 50
- 計測ボードの互換性 …………………………………………… 52
- 同じ機能で入れ替え …………………………………………… 54
- スタンドアロン計測器の互換性 ……………………………… 55
- モジュールの入れ替えだけで違う機能を実現 ……………… 55
- ソフトウェア・モジュール …………………………………… 56
- ハードウェア・モジュール …………………………………… 56

2-5 ソフトの重要性 ………………………………………… 57
- ソフトによって何にでも化ける ……………………………… 57
- 汎用言語とサポート・ライブラリ …………………………… 58
- 数値解析ソフト＋データ集録機能 …………………………… 61
- 計測制御向け言語 ……………………………………………… 61

コラム5　従来タイプの計測器とPCベースの計測器 ………… 51
コラム6　FFTについて ……………………………………… 53

第3章　LabVIEWを使ってみよう …………………… 63

3-1 インストールの前に …………………………………… 64
- LabVIEWの生い立ち …………………………………………… 64
- グラフィカル・プログラミング ……………………………… 64
- ハードウェアとの接続性 ……………………………………… 66
- オープン環境 …………………………………………………… 67
- マルチプラットフォーム ……………………………………… 67
- 強力なネットワークおよび処理機能 ………………………… 68
- エディション …………………………………………………… 69

3-2 VIの定義 ………………………………………………… 69
- VIって何のこと？ ……………………………………………… 69
- VIの階層構造 …………………………………………………… 71

3-3 評価版のインストール ………………………………… 72
- Webサイトから評価版をダウンロード ……………………… 72
- 評価モードについて …………………………………………… 73
- インストール手順 ……………………………………………… 73
- LabVIEWの起動 ………………………………………………… 84

- ● サンプルVIの動かし方 ………………………………… 89
- ● プログラムの動きを追う ………………………………… 94
- ● マウス・カーソルについて ……………………………… 101
- ● VIを変更してみる ……………………………………… 101

3-4 LabVIEWで扱えるハードウェア ……………………………… 109
- ● VISA（仮想計測器ソフトウェア・アーキテクチャ）……… 109
- ● PCに標準装備のインターフェース ……………………… 111
- ● 拡張インターフェース …………………………………… 113
- ● PXI ……………………………………………………… 116
- ● スイッチ ………………………………………………… 116
- ● カメラ …………………………………………………… 117
- ● モータ …………………………………………………… 117
- ● シーケンサ ……………………………………………… 118
- ● ワンボード・マイコン …………………………………… 118
- ● レゴ マインドストーム ………………………………… 119

3-5 LabVIEWのアドオン・ソフトウェア ……………………………… 119
- ● LabVIEWアプリケーション・ビルダ …………………… 119
- ● マシンビジョン関数ライブラリ ………………………… 119
- ● 音響／振動計測ツール・キット ………………………… 120
- ● 上級信号解析ツール・キット …………………………… 120
- ● リアルタイム・モジュール ……………………………… 120
- ● FPGAモジュール ……………………………………… 121

第4章　LabVIEWプログラミング ……………………………… 123

4-1 VIプログラミングへのアプローチ ……………………………… 124
- ● プロジェクトから始める方法 …………………………… 124
- ● ブランクVIから始める方法 …………………………… 124
- ● テンプレートを使って始める方法 ……………………… 124
- ● サンプルVIを改造する方法 …………………………… 129

4-2 システム設計をしてみよう ……………………………………… 130
- ● 作成するVIの要件 ……………………………………… 130
- ● サウンド機能を検討する ………………………………… 130
- ● PCのオーディオ端子 …………………………………… 130
- ● A-D／D-Aコンバータとしての利用 …………………… 133

● サウンドのプロパティ設定 ・・・・・・・・・・・・・・・・・・・・・・・・・・・・・133
　　　● 再生デバイスの構成 ・・・・・・・・・・・・・・・・・・・・・・・・・・・・・・・・・・133
　　　● 再生デバイスのプロパティ ・・・・・・・・・・・・・・・・・・・・・・・・・・・・134
　　　● 録音デバイスのプロパティ ・・・・・・・・・・・・・・・・・・・・・・・・・・・・137
　　　● サンプルVIでテスト ・・・・・・・・・・・・・・・・・・・・・・・・・・・・・・・・・142
　　4-3　サンプルVIを改造してVIを作る ・・・・・・・・・・・・・・・・・・・・・・145
　　　● VIの改造を始める ・・・・・・・・・・・・・・・・・・・・・・・・・・・・・・・・・・・145
　　　● ブロック・ダイアグラムの内容 ・・・・・・・・・・・・・・・・・・・・・・・・151
　　　● 波形グラフと配列 ・・・・・・・・・・・・・・・・・・・・・・・・・・・・・・・・・・・154

第5章　オーディオ信号解析VIを作る ・・・・・・・・・・・・・・・・・・・・157
　　5-1　周波数解析プログラムの作成 ・・・・・・・・・・・・・・・・・・・・・・・・・158
　　　● サンプルVIを改造する ・・・・・・・・・・・・・・・・・・・・・・・・・・・・・・・158
　　　● ダイアグラムの改造 ・・・・・・・・・・・・・・・・・・・・・・・・・・・・・・・・・167
　　5-2　作成したVIのテスト ・・・・・・・・・・・・・・・・・・・・・・・・・・・・・・・・184
　　　● 動作を確認する ・・・・・・・・・・・・・・・・・・・・・・・・・・・・・・・・・・・・184
　　　● サウンド入力の実験 ・・・・・・・・・・・・・・・・・・・・・・・・・・・・・・・・・186
　　5-3　アイコンの編集 ・・・・・・・・・・・・・・・・・・・・・・・・・・・・・・・・・・・・194
　　　コラム7　制御器と表示器 ・・・・・・・・・・・・・・・・・・・・・・・・・・・・・164

第6章　テスト信号出力VIを作る ・・・・・・・・・・・・・・・・・・・・・・・・・199
　　6-1　正弦波ジェネレータの作成 ・・・・・・・・・・・・・・・・・・・・・・・・・・200
　　　● サンプルVIの確認 ・・・・・・・・・・・・・・・・・・・・・・・・・・・・・・・・・・200
　　　● サンプルVIを改造する ・・・・・・・・・・・・・・・・・・・・・・・・・・・・・・・203
　　　● 出力レベルを校正する ・・・・・・・・・・・・・・・・・・・・・・・・・・・・・・・211
　　　● 入力感度を校正する ・・・・・・・・・・・・・・・・・・・・・・・・・・・・・・・・・213
　　　● 精度の検討 ・・218
　　　● 左右チャネル間の差を補正する ・・・・・・・・・・・・・・・・・・・・・・・219
　　6-2　ファンクション・ジェネレータの作成 ・・・・・・・・・・・・・・・・・226
　　　● 正弦波ジェネレータを拡張する ・・・・・・・・・・・・・・・・・・・・・・・226
　　　● 他のPCを測定する ・・・・・・・・・・・・・・・・・・・・・・・・・・・・・・・・・233
　　6-3　歪率計の作成 ・・・・・・・・・・・・・・・・・・・・・・・・・・・・・・・・・・・・・・241
　　　● 波形のひずみについて ・・・・・・・・・・・・・・・・・・・・・・・・・・・・・・・241
　　　● オーディオ・アナライザVIを改造して歪率計を作る ・・・・・・・241

- PCの歪率評価 ･･ 251

第7章　自動測定プログラムの設計 ････････････････ 255

7-1　自動測定プログラムの設計 ･････････････････････････ 256
- ステート・マシン ････････････････････････････････････ 256
- プログラムの構造 ････････････････････････････････････ 257
- フロントパネルの作成 ････････････････････････････････ 258

7-2　ブロック・ダイアグラムの作成 ･･････････････････････ 263
- 外周ループの作成 ････････････････････････････････････ 263
- 初期化ステートの作成 ････････････････････････････････ 265
- オクターブ周波数を生成するサブVIの作成 ･･････････････ 268
- 周波数変更ステートの作成 ････････････････････････････ 274
- 測定ステートの作成 ･･････････････････････････････････ 274
- 完了ステートの作成 ･･････････････････････････････････ 277
- 終了ステートの作成 ･･････････････････････････････････ 279

7-3　自動測定VIのテストと課題 ･････････････････････････ 282
- パッシブ・フィルタの測定 ････････････････････････････ 282
- 自動測定VIの課題 ････････････････････････････････････ 284
- キューメッセージ・ハンドラとテンプレート ････････････ 285
- LabVIEWプロジェクト ････････････････････････････････ 287
- 計測ハードウェアについて ････････････････････････････ 290

コラム8　周波数特性について ････････････････････････････ 259
コラム9　周波数解析について ････････････････････････････ 281
コラム10　サンプルVIについて ･･･････････････････････････ 290

付属DVD-ROMの使い方 ･････････････････････････････････ 291
索引 ･･ 292
おわりに ･･･ 295
著者略歴 ･･･ 296

第0章

LabVIEWとは？

LabVIEWは，計測／制御に特化したプログラミング・ツールです．ここでは，LabVIEWとは何なのか，測定とは何なのか，その概要を説明します．

▶ 本章の目次 ◀

0-1　ツールとしてのLabVIEW
0-2　測定とは

0-1　ツールとしてのLabVIEW

● 本書の概要

　この本は，LabVIEWというコンピュータ・プログラムの開発環境について解説しています．開発「言語」ではなく「環境」と書いたのは，C言語やBASIC言語のように文字（テキスト）を使って文章としてプログラムを書くのではなく，電気回路図のような絵を描くことでプログラムを作るからです（図0-1）．このLabVIEWが，最初にMacintosh上のプログラミング・ツールとして発売されたと聞けば，一部の人にはわかってもらえると思いますが，このユニークなプログラミング手法のせいもあって，全世界で熱狂的ともいえるファンを生んできました．

　LabVIEWは便利なツールですが，どんなプログラムも可能な汎用言語ではありません．できないこともたくさんあります．逆に，汎用言語ではとても難しくて手が出せそうにないことが簡単にできてしまうという，夢のような機能をたくさん持っています．

　単に見かけの簡単さや面白さだけではなく，根底に流れる思想の奥深さを汲み取っていただければ，LabVIEWの可能性にわくわくしてもらえると思います．そうかといって，学術書のように難しい理論を並べてもしかたがないので，なるべく身近な事柄を例にあげて，できるだけ平易に説明しました．そのぶん，言葉の意味として厳密には正確でない表現がありますが，そこはだいたいのイメージとして受け取ってください．

　本書の対象とする読者は，パソコンをただの事務機ではなく「インスツルメンツ」として活用したい

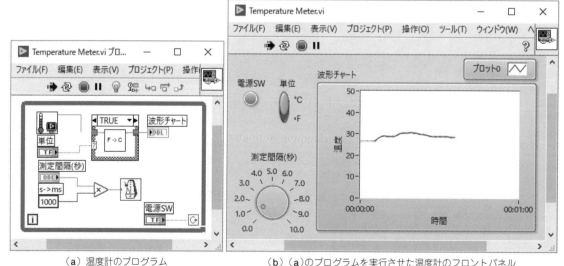

（a）温度計のプログラム　　　　　　　　（b）（a）のプログラムを実行させた温度計のフロントパネル

図0-1　LabVIEWは絵を描くことでプログラムを作る

方々です．閉じた箱として計算機やワープロ，ゲーム機として使うだけでなく，外界とインターフェースしていろいろな物理量を測ったり取り込んだり，また，処理して表示させたり，さらに外部につないだメカなどの機器を制御するといった計測制御システムに興味のある方に向けて書きました．私たちの五感やそれ以上の入力に対してパソコンが反応したり，自分が作ったプログラムで現実世界の何かが動くことは，ホビーとしてもたいへん魅力的です（図0-2）．

　LabVIEWは，足し算や引き算のような簡単なプログラムもできますが，特に計測や制御に必要な便利な機能をたくさん持っています．プログラムによってパソコン（PC）をさまざまな計測機器や制御機器に化けさせることが得意です．本書では，このことをバーチャル・インスツルメンツ（仮想計測器）と呼んでいます．

　このバーチャル・インスツルメンツという言葉自体は知らなくても，すでに世の中にはこの考え方によって作られた機器がたくさんあります．コネクタのみでディスプレイやスイッチがなく，PCにつないで使う測定器や，ソフトウェアによって違う機能を発揮する「プログラム可能」な「モノ」に心当たりがあると思います．それらのしくみを理解するうえでもバーチャル・インスツルメンツの考え方が役に立つはずです．

　この意味を知らずに，いきなりツールの使い方から始めてしまうと，どうしてLabVIEWがよいのか，ということさえもわかりにくくなりそうなので，最初はいろいろな測定器を考えながらバーチャル・インスツルメンツを説明していきます．測定器というよりも，コンピュータ計測の超入門的な解説といったほうがよいかもしれません．

　また，コンピュータ計測の基本は，イコール電気量の測定なので，どうしても電気にまつわる話が多くなります．しかしながら，この部分を理解することはとても大事ですから，しっかり理解しながら読み進めてください．計測制御に関する基礎的なことをご存知の方は，第3章から読み始めていただいてもかまいません．

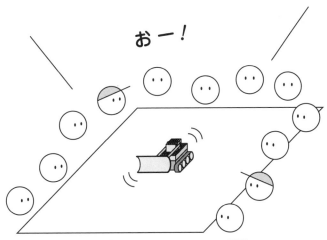

図0-2　米国の高校生ロボコンFIRSTではLabVIEWが標準

● **本書を読むための前提**

　パソコンの基本的な操作については，ある程度慣れているものとして話を進めます．扱っているオペレーティング・システムはWindows 10です．クリックやダブル・クリック，ドラッグや右クリックといった操作は知っているものとして解説していきます．もしわからなければ，パソコンの入門書を読むか，だれか身近な人に聞いて解決してください．

　インターネットに接続し，ファイルのダウンロードやユーザ登録などを行います．それができないとかなり不便ですが，日本ナショナルインスツルメンツ社のサポートを受けながら進めることもできます．

　LabVIEWはグラフィックを多用しており，それらの操作を文章で完璧に説明するのはとても難しく，もしかしたら一部わかりづらい部分があるかもしれません．ツールの使い方を完全にマスタするためにも，ぜひ，自分自身で実際にLabVIEWを使って試行錯誤を繰り返してみてください．また，セミナなどでインストラクタに教わるのもマスタする近道です．

　本書ではなるべく面白そうなプログラムを作りながら，その過程で必要になったツールの使い方を説明していきます．忘れてしまいそうであれば，気づいたことをメモに取りながら読み進めることをお奨めします．一通りやり終えた時点で，基本的な操作のほとんどをマスタできるように考えてあります．

　また，「測定」と「計測」という言葉が混じって出てきます．おおまかな違いは，物理量をどの程度の量であるかを測ることが測定で，もっと広範囲に測定のためにする全般的な作業のことを計測という言葉で使っています．混同しても大勢に影響はありませんが……．

0-2　測定とは

● **測定と単位**

　さて，私たちは普段からいろいろなものを測っています．体であれば身長や体重，そして体温などがあげられるでしょう．体脂肪率や血圧なども手軽に測れますね．車に乗れば速度やエンジンの回転数，走行距離を示すメータが付いています．時計では時間を計り，定規では長さを測ります．電気を少し勉強した方ならマルチメータで電圧や電流，電気抵抗を測れることをご存知でしょう（図0-3）．

　そして，必ずといってよいほど，測った結果がどのくらいだったかを示す単位があります．長さならメートル，重さならグラム，温度は度，時間は秒，電圧はボルト，電流はアンペア，抵抗はオームですね．

　「なぜだろう？」などと考えなくても，答えはいくつも見つかります．一つは単位がないと他の人に「どれくらいか」ということを伝えられないからでしょうし，値を比べるときに同じ基準を使わないと比べられないということもあるでしょう．

　例えば，だれかに行き先までの距離を聞いて，「そこは近いよ」といわれても，人によって，あるいは都市と郊外では距離感が違ってくるでしょう．ならば歩数を単位として1万歩で行けるといったところで，歩幅はみんな違いますからあまりあてになりません．このように，なにかの量を正確に伝えるため

図0-3　測るものとその単位

図0-4　共通の単位を使うと比較ができる

には皆が共通に知っている基準を単位にし，それの何倍，あるいは何分のいくつであると表現する必要があります(**図0-4**).

　ではその基準とは，どうやって決められたのでしょう？　また，私たちが手にする測定器(測るための道具．○○計と呼ばれるもの)は基準に合っているのでしょうか？

　本書では，LabVIEWのプログラミングについて詳しく解説していきますが，まず測定，すなわち測るということについて考えてみることにします．

第1章

測る道具

本章から第2章までは，計測および制御は具体的にどのように行うのかについて，基礎的な事柄を中心に説明します．LabVIEWの使い方から学びたい方は，第3章から読み進めてください．本章では，計測器のしくみについて解説します．

▶ 本章の目次 ◀

- 1-1 測るということ
- 1-2 アナログ測定器のしくみ
- 1-3 ディジタル測定器のしくみ
- 1-4 A-Dコンバータとセンサ
- 1-5 いろいろな測定器のしくみ
- 1-6 PCとの組み合わせ
- 1-7 PCベースの測定器

1-1 測るということ

● 計量標準と測定器

　基準や標準などというものは一種の取り決めなので，最初にだれか(何人かで話し合うこともあるかもしれません)が「こうしよう」と決めて，皆がそれに従えば，それが基準や標準になります．歴史的にいくつか異なった基準が存在していても，使う人が最も多いものが自然と生き残っていき，そのうち標準(デ・ファクト・スタンダード)として認められます．しかし，現代の物理学の標準は，計量法という法律できちんと定められていて，国際的にも共通化が図られています．そしてより正確に，より共通化しやすいように改定されてきています．

　例えば，時間の単位である1秒は，1956年以前は地球の自転1回転の86,400分の1でしたが，その後，地球の公転の31,556,925.9747分の1に改定され，1967年以降はセシウム(Cs133)原子の固有振動の9,192,631,770倍とされています．

　電圧の標準としては，カドミウム標準電池(ウェストン電池ともいう)の20℃における起電力を1.01864 Vとして用いていましたが，1970年代後半からジョセフソン効果を利用した基準が使われています．ジョセフソン接合を絶対零度近くまで冷やして高周波を照射すると，一定の電圧が得られるそうで，それらを数千個～数万個並べて1Vや10Vの基準器を作っています．大元になる標準値を発生させる装置を原器と呼びます(図1-1)．

　測定としていちばん正確なのは，原始的な測定方法を使って原器と比べながら測る方法ですが，いつもそんな大掛かりで手間のかかることをやっていられませんし，設備の管理も大変で実用的ではありません．原器は，正確さを保つためにその周りに付随する装置が大掛かりなのが普通です．

　そこで，原器と比べてもほとんど同じ，つまりある範囲内でしか違っていないと保証されるものや方法を，原器の代わりに使って測った値を信頼することにしました．身近にある測定器は，ほとんどすべてそういった代替品です．

　皆さんが持っている定規(図1-2)は，その正確さ(狂いの少なさ)の程度で等級があります．例えば，それはJIS規格の等級で表されています．マルチメータなどは，読み取った値が本当の値と比較して何パーセントずれている「可能性」があるか，という規格(スペシフィケーション＝スペック)がカタログや取扱説明書に明示されています．

　基準に沿って作られたのに，なぜ原器と同じでないのかというと，まず作るときの誤差があり，作った後も温度や湿度といった環境の違いでずれが少し生じます．定規は素材が伸び縮みしますし，はかりはばねの強さが変化し，電気部品も値がほんのちょっと変わってしまいます．また，時間が経つことでだんだんとずれてしまうという要因(経年変化)もあります．

　どれだけ信頼できるかというのは，トレーサビリティ(図1-3)という考え方に基づいて管理されています．世の中にある測定器をすべて原器と比べるわけにいかないので，少し正確さは劣るけれど扱いやすい2次や3次の標準器を決めて，定期的に上位の標準器と比べることで末端までを管理します．比べ

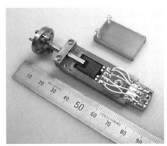

図1-1 ジョセフソン接合アレイ(左),セシウム周波数標準器(右)
(写真提供:産業技術総合研究所)

図1-2 巻き尺

図1-3 電気標準(直流電圧)のトレーサビリティ

て調整することを校正と言います.

例えば,日本での電圧の標準器は,大元がジョセフソン効果電圧発生装置と標準分圧器で,それを使って2次標準器となる電圧発生装置と電圧測定器を校正し,さらにそれを使って実用参照標準器の電圧発生器やディジタル・マルチメータ,直流電圧計,標準電池などを校正しています.われわれ一般ユーザやメーカは,その実用参照標準器に合わせるというわけですが,測定器メーカから発売されている校正用信号発生器はさらにその下位基準のこともあります.

筆者の周りでは,社内で基準になる機材を「神様」などと呼ぶことがあります.本当かどうかわからないけど,信じるしかないということなのかもしれません.

1-2 アナログ測定器のしくみ

● 測る対象はアナログ量

この世にある物理量はアナログ量です.アナログ量とは,時間の流れに伴って「連続した値」として発生するものです.ここでいう連続とは,無数の値で表現されるという意味です.1の次は2でしょうか? いいえ,その前に1.5があり,その前には1.25があり,その前には1.125があり……と無限に割り振ることができます.ちなみに,1の次を2としてしまうのがディジタルです.

アナログ量を測ってアナログ的に値を割り出すには,位置を(目盛りで)読み取るのが普通です.ものさしや棒温度計,指針式の体重計やテスタ,はては画面に電子ビームで線を描くオシロスコープ(アナ

ログ式)だってそうです.

　柱時計は，振り子の等時性(振り子の振れる周期は支点からの長さだけに依存し，おもりの重さや振れ幅には無関係)という性質を利用して歯車をカム送りしています．振り子の支点からの長さで，時計の進み具合を調整します．

● 電流計のしくみ

　針式のメータの針は，磁石の周りを囲む電線(感度を上げるために何重にも巻いたコイルになっている)に取り付けられていて，コイルは回転できるように軸によって支えられています(**図1-4**)．そして，針を原点に戻そうとする力がバネによって常に働いています．この状態でコイルに電流が流れることによって生じる磁界が，磁石の磁界と反発してコイルを回転させます．その回転力は電流量に比例し，バネの戻そうとする力とつりあった場所で止まります．

　電圧を測るときは，メータのコイルにかかる電圧に応じて電流が流れるので，コイルの抵抗値を知っていれば電圧に直せます．抵抗のときは，あらかじめわかっている電圧源(テスタの中に入っている電池)と直列に抵抗とメータを接続し，どれだけ電流が流れるか(流れにくいか)を測ればよいわけです．

　メータは非常に少ない電流で動くように設計されているので，高い電圧や大きな電流を測るときは，抵抗減衰器で電圧を落としたり，電流を分岐させて一部だけをメータに流すなどの工夫がされています．ダイアルでレンジを変えるのはそのためです(**図1-5**).

　逆に，とても小さい電圧を測るために，メータの前に増幅器(アンプ)をつけたものもあり，バルボル(バルブ・V・メータの略；バルブという言葉は，アンプが真空管＝バルブで作られていた時代の名残り)やミリボル(ミリ・V・メータの略)などと呼ばれます．こういった用途に使われるアンプは増幅の正確

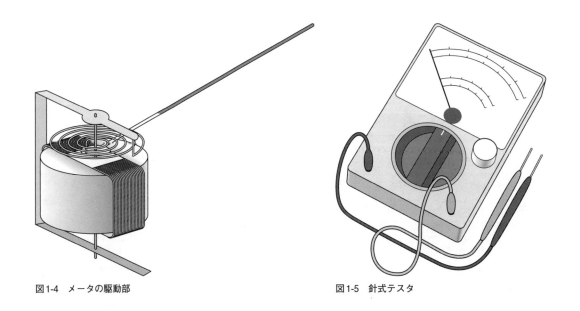

図1-4　メータの駆動部　　　　　　　　　　図1-5　針式テスタ

さ，高い安定度，雑音(ノイズ)の少なさなどが要求され，インスツルメーション・アンプなどと呼ばれます．

1-3 ディジタル測定器のしくみ

● アナログからディジタルへ

　アナログに対してディジタルとは値が不連続(離散的)ということで，乱暴にいえば人間が目盛りを読むのではなく，値が数字で表示されればよいのです．指針の代わりに歯車を動かして数値が変わるようにすれば，これで立派なディジタル測定器になります．ダイアル式の鍵やゼンマイ式腕時計の日付けみたいな機構が考えられますが，これだとダイアルが中途半端な位置で止まることがあり，アナログっぽさが残ってしまうかもしれません(**図1-6**)．

　近年の一般的なディジタル測定器といえば，アナログ量をA-Dコンバータ(A-D＝アナログ→ディジタル)という変換器を通してコンピュータに読み込み，演算処理した結果を表示するものを指します．ディジタル・マルチメータなどを思い浮かべてください．本体の箱の中にA-Dコンバータとコンピュータ(マイコン)，そしてディスプレイが入っています．もう少し詳しく描くと**図1-7**のようになります．

　時計やカウンタはこれとはちょっと違い，基準となる信号(クロック)を作って，それを内部もしくは外部からの信号で区切って数え，希望する単位に換算して表示しています．内部の処理は全てディジタルです(**図1-8**)．

図1-6　腕時計の日付け
夜中の12時に…

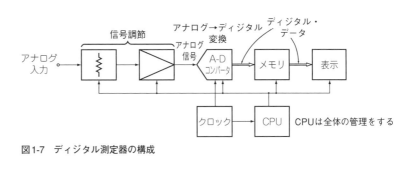

図1-7　ディジタル測定器の構成

図1-8　カウンタの構成

1-3　ディジタル測定器のしくみ　19

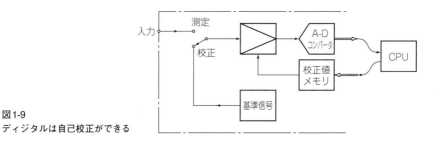

図1-9
ディジタルは自己校正ができる

● なぜディジタル化が進んだか

　ディジタルには，表示機構や個人によるばらつきが少ないというメリットがあります．メータなどの針は，見る角度によって少しずれて見えることがありますし，傾けても重力によって少しずれます．また，目盛りと目盛りの間に針があるときは，ある人は0.2といい，別の人は0.3というかもしれません．これに対してディジタルは数字なので，だれが読んでも同じ結果が得られます．

　アナログ信号は無数の値をとることができ，ちょっとした部品のばらつきも結果に現れてしまうので，組み立てた後の校正が不可欠です．測定中はノイズ，温度や湿度などの環境変化によって値がずれますし，時間が経ったことによる部品の特性変化(経年変化)によるずれもあります．アナログ部品が多ければ多いほど，値がずれる可能性が高くなり，そのための校正箇所が多くなって手間がかかる上，短い期間で校正をしなおす必要が出てきます．

　ディジタル測定器も信号調節までのアナログ部分では同じですが，それはA-Dコンバータの直前までなので校正の心配はずっと少なくて済みます．また，内部に経年変化の少ない基準信号を持っていれば，ある程度自分で自分を校正することができるので，さらに性能を保ちやすくなります(**図1-9**)．要するに，ある程度正確な測定が簡単にでき，保守も楽だということです．

　また，後述しますが，いったん値をディジタル化して取り込んでしまえば，コンピュータの能力を使ってデータの演算や保存，再生，出力など，いろいろなことができるようになります．これは付加価値といってもよいでしょう．

1-4　A-Dコンバータとセンサ

　A-Dコンバータは，ディジタル計測の要となる部品です．アナログ量をディジタル・データに変換するものだと憶えておけばまちがいありませんが，A-Dコンバータには種類がたくさんあります．そこで，A-Dコンバータを比べるときの主なポイントを見てみましょう．

● レベル分解能

　値をディジタルで表現するには，どこまで細かい値まで見分けるかを決めて，それ以下の違いは無視

するという作業が必要です．そうしないと小数点以下が何桁あっても足りなくなってしまいます．アナログ測定器でも人間が同じことをやっていた（どうしてそんな違いまで判別できるの？　というほど細かい値を読み取る「名人」と呼ばれる人が存在する）わけですが，ディジタルではそれを明確に定義する必要があります．そして，表現できる最小単位を分解能と呼びます．

例えば，分解能が200グラムのディジタル体重計は，200グラム以上の違いがないと表示が変化しません．分解能が2グラムの料理用ディジタル秤(はかり)は，2グラム違えば表示が変わります．ディジタル・マルチメータは桁数が決まっていて，桁数で決められる分解能以下の違いがあっても表示は同じです．ここで「おや？」と思った方はスルドイですね．はかりは具体的に何グラムと値があったのに，マルチメータは桁数で決まるなどと，ぼかした言い方になっています．理由は，もうちょっと待ってください．

● ビット数

A-Dコンバータがどのくらいの分解能を持っているのかを表現する方法として，ビット数という言葉を使います．ディジタルは，オンかオフ，または1か0の二つの状態の組み合わせですべてを表現する2進数の世界なので都合がよいのです．ビット数は2進数の桁数に相当し，これはディジタル・データの幅とも言い換えることができるわけです．

ある桁数をもった2進数で表現できる数は，2のべき乗で計算できます．1ビットなら0と1の2とおり，2ビットなら0，1，2，3の4とおり，3ビットなら0，1，2，3，4，5，6，7の8とおりなので2^nで合っていますね．分解能は，最低桁（LSB；Least Significant Bit）1ビットが変化する量です．よく目にするA-Dコンバータ・チップの分解能は8，12，16，24ビットなどです．

A-Dコンバータは，入力されたアナログ信号の値を変換する値に直線的に割り当てたディジタル・コードを出力しています．

言い換えれば，ひずみを生じないで変換できる入力信号の範囲（ダイナミック・レンジと呼んでもよい）が決まっているわけです．

● 入力信号の範囲

例えば，7Vで分解能3ビットのA-Dコンバータは，0Vが入力されるとコード000を，4Vではコード100を，7Vではコード111を出力します（**図1-10**）．この場合の電圧分解能は1Vです．

同じA-Dコンバータに2.4Vの信号が入力されたとすると，それは2Vでコード010を，2.6Vの信号の場合は3Vに値が丸められてコード011を出力します（**図1-11**）．このような割り切りのことを量子化と呼びます．ちなみに，上下どちらかの値に丸められてしまったため生じた誤差を量子化誤差と呼びます．ダイナミック・レンジが同じならば，ビット数が多いほど量子化誤差は少ないことがわかります（**図1-12**）．

● 実際の分解能

12ビットのA-Dコンバータ・チップがあって，入力範囲が0〜10Vだったとします．この場合，チップ自体の電圧分解能は$10 \div (2^{12} - 1) \fallingdotseq 2.442$mVですが，測定する信号が都合よく数Vとは限りません

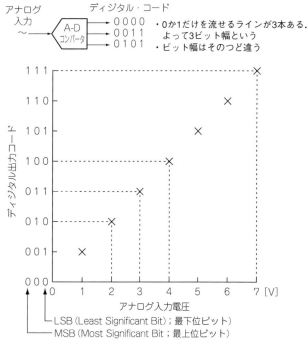

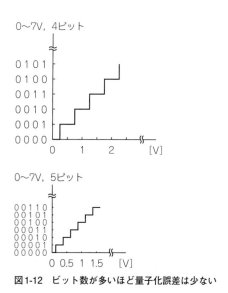

図1-12 ビット数が多いほど量子化誤差は少ない

図1-10 7V/3ビットのA-Dコンバータ
ダイナミック・レンジ7V，分解能3ビットのA-Dコンバータとすれば…

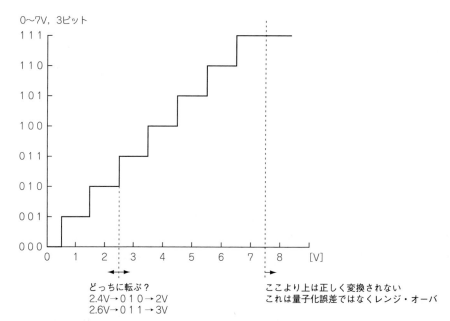

どっちに転ぶ？
2.4V→010→2V
2.6V→011→3V

ここより上は正しく変換されない
これは量子化誤差ではなくレンジ・オーバ

図1-11 量子化誤差
2.4Vは2Vに，2.6Vは3Vに値が丸められてしまう

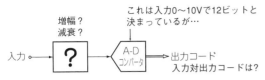

図1-13 トータルの分解能
係数を含めて計算しなければ正しい分解能は得られない

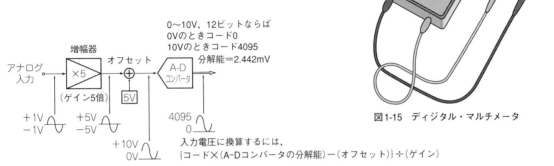

図1-14 入力範囲を±1Vにして入力範囲0～10VのA-Dコンバータで変換
見かけの分解能が上がる

図1-15 ディジタル・マルチメータ

し，マイナスに振れるかもしれません．したがって，A-Dコンバータ・チップの前に減衰器や増幅器を付け，オフセットを加えてから変換します．それらによってトータルのダイナミック・レンジが変わるので，係数を含めて計算しなければ正しい分解能は得られません(図1-13)．

例えば，入力範囲を±1Vにすることを考えてみましょう．まずゲインが5倍の増幅器で信号を増幅してから，次に5Vのオフセットを加えます．これで入力範囲は±1V(ダイナミック・レンジ2V)，分解能は$2 \div (2^{12} - 1) \doteqdot 488\mu V$となり，見かけの分解能を上げられます(図1-14)．逆に大きな信号の場合，減衰器をつけて入力範囲を広げます．ただし，扱う信号レベルに対して適切な入力範囲になるように増幅量や減衰量を設定しないと，クリップ(入力範囲を超えて正確に測れなくなる)状態や，信号のレベルに対して充分な分解能が得られていない状態で測定をしてしまうことがあるので注意が必要です．

マルチメータは広い測定範囲に対応しなければならないので，測定レンジの調整を自動的に行ってくれるか，または手動で切り替えます(図1-15)．入力範囲に対して小数点の位置が変わるので分解能が変わっているのがわかります．そのため取扱説明書には測定レンジがいくつのとき分解能がいくつ，というスペックが書いてあります．

これに対し，例えば体重計は測定範囲が一つだけ(1kg以下の人や1tの人などいないからそれで充分)なので分解能は1つだけです．これで，先の疑問がクリアになりましたね．

● 時間分解能

入力信号を量子化し，ディジタル・コード(データ)をディジタル・メモリに書き込むにはタイミング

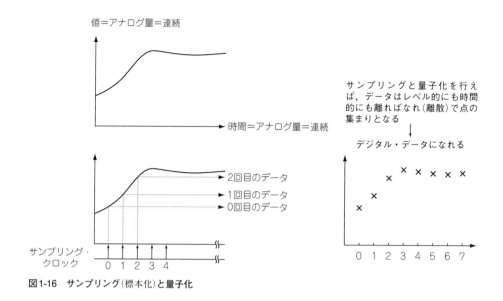

図1-16 サンプリング(標本化)と量子化

を取る必要があります．そして，あるタイミングに従ってデータを取り込むことをサンプリング(標本化)と言います(図1-16)．どうして「標本」という言葉を使うのかというと，タイミング信号の時間前後にある値の代表として一つの値を採取してくるからです．例えば，アゲハ蝶の「標本」はアゲハ蝶という同種(個体ごとに少しずつ違いがあるかもしれない)の代表ということと同じです．そのタイミングのための信号をサンプリング・クロックと呼びます．

　サンプリング・クロックは，たいてい連続した周期の信号です．必要なときに1回サンプリングして値を取り込むこともありますが，ほとんどの場合，アナログ値が時間の経過とともにどう変化しているかを調べて，何が起きているのかということを把握します．例えば，オシロスコープは縦軸が値，横軸が時間のグラフを描くことで値の時間的変化を「波形」として表現します．また，体重計は値が一定時間変化しなくなったことをもって体重の測定値が確定したと判断し，体脂肪測定に移るなどしています．あるいは，一定時間ぶんの値を平均化することで，よりばらつきの少ない値を割り出すことも行われます．

　サンプリング・クロックは，A-Dコンバータと同じ基板上で作る(内部クロック)か，外部から入力(外部クロック)して用います(図1-17)．内部クロックの場合は高精度の基準信号を元に，ある程度自由な周期(一定周期)のクロック信号を作ることができます．外部クロックの場合は，そのタイミングに合わせ(同期し)て入力信号を変換することになり，一定周期でなくてもかまいません．その時間間隔はわかりませんが，外部クロックと信号の相関性が重要な情報になります．

　サンプリング・クロックを表す単位は間隔や周期の意味で「秒」，周波数の意味でHz(ヘルツ)またはsps(サンプル/秒)が使われることがあります．間隔が短い＝周期が短い＝周波数が高い＝速いという表現になるので混乱しないでください．A-Dコンバータが働けるサンプリング・クロックは速さに限界

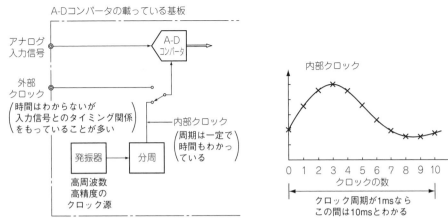

図1-17 内部クロックと外部クロック

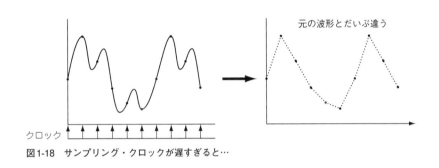

図1-18 サンプリング・クロックが遅すぎると…

がありますが,遅いほうへはある程度自由に選ぶことができます.

　入力信号が時間とともに変化している場合,その変化の速さに対してサンプリング・クロックの間隔があまりにも長いと,入力信号の形を正確に取り込めません(図1-18).サンプリング・クロックが速いほど正確に変換できることがわかると思います.それは時間的な分解能が高い(細かい)と言い換えることもできます.

　逆に,変化の遅い信号に対してあまりに速いサンプリング・クロックを採用すると,データを次々と取り込むためにたくさんのメモリ領域が必要になり,処理に時間がかかってしまいます(図1-19).また,ICチップを作るうえでもサンプリング・クロックを速くするとレベル分解能を高くしにくくなり,値段も上がる傾向にあります.

● A-Dコンバータの選び方の目安

　ある入力信号を扱うときに,どの程度のレベル分解能とサンプリング・クロックが必要かというのは,一概には言えませんが指針はあります.

　レベル分解能はビット数計算で出せるので,必要なものを選べばよいでしょう.入力信号のレベルが

1-4　A-Dコンバータとセンサ　　25

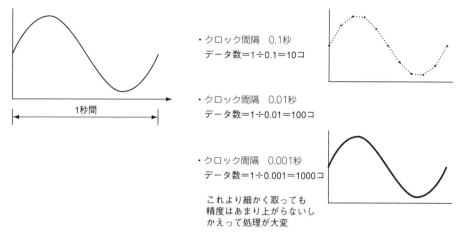

図1-19　サンプリング・クロックが速すぎると…

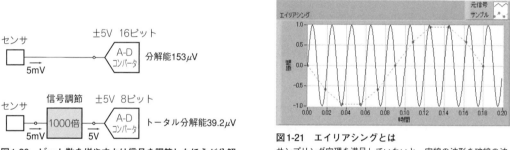

図1-20　ビット数を増やすより信号を調節したほうが分解能があがる

図1-21　エイリアシングとは
サンプリング定理を満足していないと，実線の波形を破線の波形と認識してしまう．

小さく，入力範囲が広いときには分解能は高いほうが効果的です．しかし，ノイズが問題になるので，なるべく処理の最初に増幅器などを置いて信号レベルを調節し，そのあとでA-D変換したほうが精度よく測れます（図1-20）．

サンプリング・クロックには，まずサンプリング定理という法則を満足することが重要です．そうしないと元の信号とサンプリング・クロックが干渉して，あり得ない信号を生成（エイリアシング）してしまうことがあります（図1-21）．エイリアシングの恐れがあるときは，アナログ信号の段階でローパス・フィルタをかけなければなりません．このフィルタをアンチ・エイリアシング・フィルタといいます．

サンプリング定理の意味するところは，入力信号に含まれる最高周波数成分の2倍以上のサンプリング（クロックの）周波数が必要ということですが，それにはサンプリング周波数の1/2で急峻に切れる理想的なローパス・フィルタを用いることが前提になります．それは無理なので，サンプリング周波数は入力信号成分の2.5倍以上にすることをお奨めします．それでも時間波形の状態で元の波形を再現するには演算処理が必要です．

コラム1　周波数について

　本書に興味を持たれる方ならご存知だと思いますが，念のために説明しておきます．いろいろな物理量の性質をとらえる方法の一つとして，着目する値が時間の経過にしたがってどう変化するかを見ることがよくあります．グラフで表すとすれば横軸が時間経過，縦軸が着目する物理値です（**図1-A**）．

　その変化が一定の時間で繰り返す場合，その繰り返しパターンが現れる時間間隔を「周期」，1秒間に何回繰り返すかを「周波数」と呼びます（**図1-B**）．例えば，音は空気の振動であり，人間の耳で聞き取れる音はだいたい20ヘルツから20,000ヘルツ（ヘルツは周波数の単位，Hzと表記する）の範囲といわれています．ちなみに20,000Hzを超えるような音は超音波と呼ばれます．

　「音波」ということからもわかるように，周波数は「波」の性質を持つものに対して広く使われます．周波数は1秒の間に波が繰り返す数です．電波や光，放射線も波の性質を持っています．電波は高い周波数で変化する電界と磁界が一緒になって空間を伝わる現象で，周波数が非常に高くなると光やエックス線の性質を持つと言われています．周波数が低いほうでは機械的な「振動」も周波数が使われる仲間です．

　時間的に周期性のない変化をするものや周期が非常に長いものに対しては周波数という表現はあまり使いません．例えば，気温は明け方がもっとも低くなって，朝から昼にかけて徐々に上昇し，午後2時くらいをピークにさがり始める，といった時間グラフを描けますが，1日周期で似たパターンが現れるという以上に周期性は認められません．また，地球の自転は24時間で1周期ですが，それをわざわざ地球の自転の周波数が1/86,400Hz（1日は86,400秒）とは言いません．

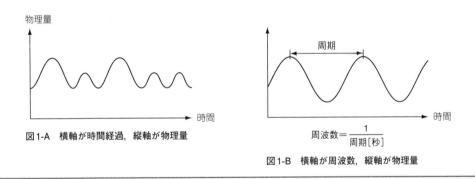

図1-A　横軸が時間経過，縦軸が物理量

$$周波数 = \frac{1}{周期[秒]}$$

図1-B　横軸が周波数，縦軸が物理量

　もしローパス・フィルタを使えないのであれば，入力信号の最高周波数成分に対して10倍以上のサンプリング・クロック周波数を目安にすればよいでしょう．

● トランスデューサ（センサ）

　実のところ，A-Dコンバータは電圧しか読み込むことができません．それでは他の物理量はどうやっ

て測ればよいのでしょうか．答えは簡単で，物理量を電気に置き換える変換器（トランスデューサ）を使えばいいのです．

トランスデューサは物理量を電気に換えるものと，電気を物理量に換えるものの総称です．マイクロホンとスピーカは方向が逆ですが，電気と音のトランスデューサですね．物理量→電気のほうは検出器（センサ）といったほうがよいかもしれません．

● センサの使い方

センサにはいろいろな種類や方式があり，それらを正しく使うには専門的な知識が必要です．ここでは温度センサについて少しだけ紹介します．温度センサには熱電対，白金測温抵抗体，サーミスタ，半導体センサなどがあります．

熱電対は，異なる種類の金属同士を接合しておくと，両端の温度差に応じた起電力が生じることを利用しています（**図1-22**）．熱電対は比較的安く，また高温に耐えられるので広く利用されていますが，起電力を検出する場所の温度を差し引かないといけない上，起電力を温度に変換するのが一筋縄ではいかないので，専用の変換器が発売されていたりします．

白金測温抵抗体は，その名の通り白金でできた抵抗です．これは温度によって抵抗値が正確に変化す

コラム2　時代と技術のハードル

筆者は，子供のころから工作（モノ作り）が好きでした．機械や電気で動くものは，どうしても中身を見たくなります．電化製品はたいていメカと電気が組み合わさっているので，ふたを開けてメカの動きを眺めたり，たくさんの部品や配線などがどう組み付けられているか観察しました．電子工作に挑戦したのは小学生のときで，雑誌の記事を見て秋葉原で部品を買い集め，ラジオを作ったのが最初です．高校時代は電器店でテレビ修理のアルバイトをしました．当時の製品は，おもにディスクリート（トランジスタや抵抗，コンデンサなどの単体）部品で作られているので，修理イコール壊れた部品の交換だったのです．アルバイト料は高価な部品やアルミケース，工具に注ぎ込み，腕を磨いていきました．

これは昔話であって，今の時代にこのような過程を経ることはおそらくないでしょう．私たちの身の回りにあるモノの多くが，ブラック・ボックスと化しています．ケースを開けることすら困難ですし，開けてもメカはないし電子回路の集積化が進んでいて仕組みは簡単には読み取れません．高度な技術が当たり前のように使われていて，これを自分で作れるとは到底思えないのではないか，技術のハードルが高過ぎて技術者を志す人がいなくなってしまうのではないかと心配になります．

でもそんなことは杞憂に過ぎないのかもしれないと，最近のメイカー・ムーブメントを見ていて感じます．高度な技術をだれでも使えるのなら，それを前提にすればいいのですね．モノ作りの楽しさを知ってから，知らずに使っていた要素技術に興味を持ってもらえればよいと思います．

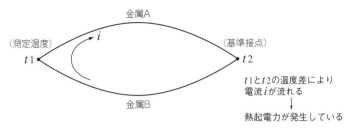

図1-22 熱電対の原理(ゼーベック効果)

るので，電流を流しておけば温度の変化を電圧の変化として取り出せます．同様に，温度で抵抗値が変化する材質なら同じ原理で使えます(サーミスタなど)．

また，半導体の接合面は温度によって電流対電圧特性が変化するので，その原理を使ったセンサもあります．電源を与えておけば1℃に対して0.01V出力するという専用のICもあります．これらは手軽に使えて便利ですが，あまり高い温度では半導体が破壊されるため使えません．

それとセンサによっては変換特性が特殊なものや，出力信号が微小なものもあるので，それらはA-Dコンバータに入る前に適切な変換を必要とします．

1-5 いろいろな測定器のしくみ

次に，いくつかのディジタル測定器のブロック図を示します．必ずしも正確ではありませんが，おおまかな信号の流れをイメージしてください．

 ● ディジタル・スペクトラム・アナライザ

ディジタル・スペクトラム・アナライザ(図1-23)は，高周波の入力信号をアナログ回路のダウン・コンバータによって低い周波数領域に変換し，その信号をFFTアナライザと同じ原理で周波数解析し，周波数軸だけを元の帯域に合わせます．

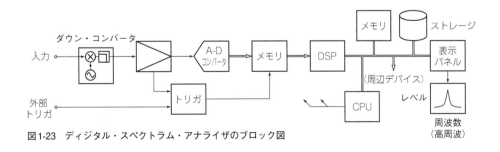

図1-23 ディジタル・スペクトラム・アナライザのブロック図

● ディジタル・オシロスコープ

ディジタル・オシロスコープ(図1-24)の場合，入力信号は適当なレベル調節を行った後，高速なA-Dコンバータで連続変換されてメモリに蓄えられます．得られたデータは時系列に並ぶことになるので，それをグラフに表示します．トリガと呼ばれるタイミング信号を元にして，変換を開始(停止)する機能が必ず搭載されています．

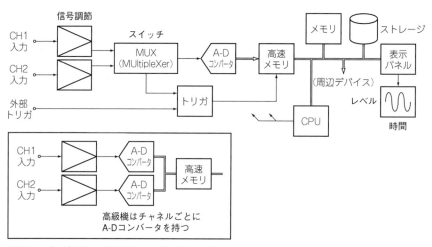

図1-24　ディジタル・オシロスコープのブロック図

● FFTアナライザ

FFTアナライザ(図1-25)はディジタル・オシロスコープと同じ原理で得られた時系列データに対し，高速フーリエ変換という演算を行って周波数成分を解析し，グラフに表示します．フーリエ変換を専用回路で行うものもあり，フィルタ回路や変換の定数などが最適化されています．

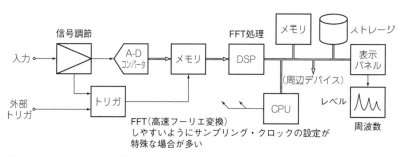

図1-25　FFTアナライザのブロック図

30　第1章　測る道具

●《参考》任意信号発生器

　任意信号発生器(図1-26)は，コンピュータ演算を行って生成した時系列データを，D-Aコンバータ(D-A＝ディジタル→アナログ・コンバータ)を通してアナログ信号に変換して出力します．アナログ信号発生器では出せない波形や，A-Dコンバータで取り込んだ生データを再現して出力できます．

　測定器とは信号の方向が逆ですが，アナログとディジタルの変換部分があるという点では同じなので，憶えておいてください．

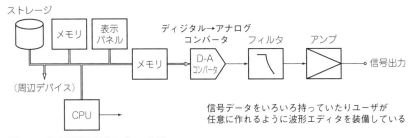

図1-26　任意信号発生器のブロック図

1-6　PCとの組み合わせ

　信号をA-Dコンバータで取り込んだら，あとはコンピュータで処理して結果をアナログ測定器と同じように表示させることができますし，いろいろな処理を経て導き出した結果を表示させることもできます．もちろん測定器だけでもある程度のことはできますが，外部のコンピュータ(PC)にデータを渡して，PCの演算能力を使ったほうがより多くのことができそうです．そのため，ほとんどのディジタル測定器は，PCにデータを渡せるように接続用のインターフェースを装備しています．

● 通信インターフェースで接続

　独立した測定器とPCを接続するインターフェースにはいくつか種類があります．古くから使われてきたのはシリアル(RS-232C)やGPIB(General Purpose Bus)です．今ではUSBやイーサネットが一般的ですが，それらの違いについては後で述べることにして，ここではシリアルを例にとります．

　マルチメータとPCをつないだ図1-27を見てください．センサからの信号は信号調節を通り，A-Dコンバータでディジタル・データに変換されます．マルチメータ内部のCPUは自動レンジ調節やA-Dコンバータ，データの物理量換算，パネルへの表示，シリアル・ポートによる通信などを管理しています．シリアル・ポートを通じてPCからコマンドを受け取り，設定や動作を変えることができるタイプの測

コラム3　プラグ&プレイ・センサ

　センサは，物理現象を電気信号に変換する，測定にはなくてはならないものです．しかし，その変換特性は素直なものばかりではありません．例えば，比較的簡単なデバイスである熱電対にしても，その特性は微妙に波打っています（**図1-C**）．そのため，測定する温度範囲をいくつかに分け，その中で誤差が少なくなるような変換式を用いて物理量への変換を行う場合があります．各国の工業規格で型式名と変換特性が決められており，メーカが違っても同じ形式なら同じ変換式である程度の精度が得られるようになっています．

　メーカは規格に準拠しなくてはならないために製造コストがかかるとか，規格内であってもばらつきで絶対精度を高く設定できないといった問題があります．また，使う側でも変換式を間違える危険性や，精度を確保するためセンサを交換するたびに校正を行わなければならないという問題もあります．

　製品を作れば必ず特性の検査をしているはずなので，そのデータがセンサごとに入手できれば，その変換特性を使って測定をすることで，たとえ規格はずれのセンサであっても，いちいち校正する必要もなく使えてしまうことになります．さらにセンサを接続したときに，自動的に変換特性や校正値を読み込むことができれば完璧です．これがプラグ&プレイ・センサの考え方で，ちょうどパソコン用のデバイスが，ポートに接続するだけで適切なドライバが読み込まれ，すぐに使えるようになるのと似ています．

　センサに関する情報（データ・シート）をセンサへ組み込んだEEPROMに持たせるのがTEDS（Transducer Electronic Data Sheet）で，IEEE 1451.4規格として認可されています．TEDS情報を読み取るための機能が測定ハードウェアに必要ですが，LabVIEWはこれらに対応しています．

　TEDS対応でないセンサを使いたいとき，インターネットに接続できる環境であれば，データベースにアクセスして，センサのメーカと型番，シリアル番号で検索してデータシートをダウンロードして使うこともできます．これをバーチャルTEDSと呼び，極端なことを言えば上着をつるすハンガーの針金でセンサを作っても使えることになります．

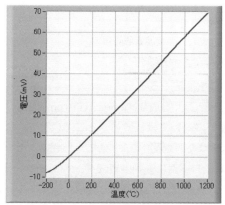

図1-C
J型熱電対の変換特性

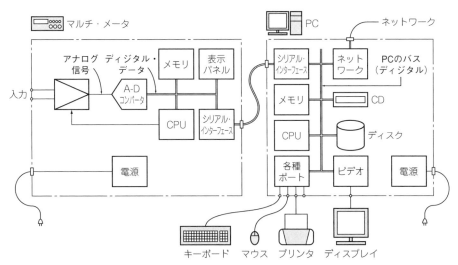

図1-27 マルチメータとPCの接続例

定器もあります.
　一方,PC側では,シリアル・ポートを通して次々に受け取ったデータをメモリに入れつつまとめて処理して,生の数値とは違う観点からの解析結果をグラフや3次元表示し,ハード・ディスクに書き込みます.同時に,決まった制御シーケンスでマルチメータや他の機器をリモート・コントロールすることもできます.また,レポートの作成を手助けする機能として,結果を他のアプリケーションやネットワーク上で共有できるものもあります.
　計測器とPCを組み合わせただけでもシステムの体裁が整います.一昔前までは,このような組み合わせが計測システムの代表格でした.

● 区切りを変えると
　データ量が多くなってくると,測定器とPCを接続しているインターフェース部分の転送速度がボトルネックになりがちです.PCのシリアル・ポートはせいぜい毎秒2Kバイト程度の転送スピードでしか通せませんし,GPIBでも毎秒1Mバイト程度が理論値です.
　それでは,図1-27に示した測定器〜通信インターフェース〜PCをアナログ部分とディジタル部分という観点で区切ってみましょう.A-Dコンバータを境に分けられることがわかりますね(図1-28).こうすれば,通信部分は他とつなげる必要はなくなるので直結してもよいことになり,性能が上げられそうです.
　新しい区切りで気がつくのは,ディジタル側に測定器内部のCPUシステムとPC側のCPUシステムがダブっていることです.さらにいえば,電源やケースもダブっています.それらを共通にしてしまえばコストダウンできそうです(図1-29).

1-6　PCとの組み合わせ

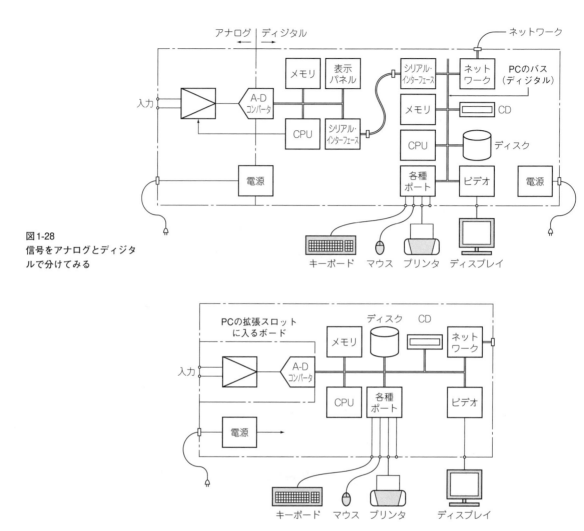

図1-28
信号をアナログとディジタルで分けてみる

図1-29
USB接続タイプの測定器

　性能が上がって安くなるなら別々にしておくのはやめて，測定器の中にPCの機能を入れてしまうか，PCの中に測定器を入れてしまえということになります．どちらがより良いかというと，どうやらPCの中に測定器を入れてしまったほうがよさそうです．その理由は次の章で考えていきます．

1-7　PCベースの測定器

● スタンドアロン型

いわゆる測定器の形をしたものはそれだけでも使えるので，スタンドアロン(独立)型と呼ぶことにしましょう．そのスタンドアロン型測定器は用途に合うように設計されているので，使いやすいスイッチやつまみ，機能を持っています．高度な回路や部品，ケースまで専用なので当然ですが，その分高価ですし，ユーザが勝手に中の部品や機能を変更することはできません(**図1-30**)．

● PCに測定器の機能をどの程度まで入れるか

PCの中に測定器を入れるといっても，測定に必要な部品や機能だけをPCの拡張機能として追加したいので，測定器をケースから出してPCの中にネジ止めするわけにはいきません．

デスクトップPCのPCI-Expressスロットや，ノートブックPCにもあるUSBポートは，転送速度がどんどん向上しています．これらを積極的に使わない手はありません．

前節でいろいろな測定器のしくみを見ましたが，これらに共通しているのは，A-Dコンバータの入り口にはアナログ的に調節された電圧信号が入ってきて，取り込んだディジタル・データの処理と表示方法を変えることで，いろいろなアナログ測定器のまねをさせている，という点です．

それならば，PCには電圧信号を受ける口とA-Dコンバータ，およびA-Dコンバータを働かせる周辺部品だけを拡張ハードウェアとして追加しておき，そのハードウェア・デバイスの管理はデバイス・ドライバ・ソフトウェアで，データ処理と表示はアプリケーション・ソフトウェアで行うのが，最大限の共通化といえそうです(**図1-31**)．

図1-30　高性能な測定器の例
キーサイト・テクノロジーズ社のオシロスコープ
(Infiniium Zシリーズ)

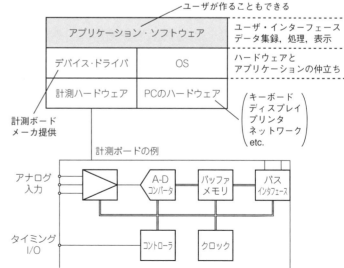

図1-31
PC内での役割分担

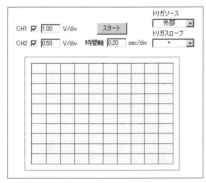

図1-32 測定器のつまみやスイッチの代わりになるものをPCの画面に用意する

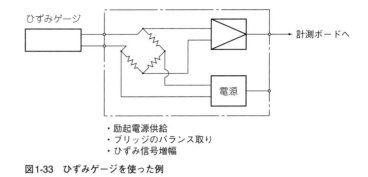

・励起電源供給
・ブリッジのバランス取り
・ひずみ信号増幅

図1-33 ひずみゲージを使った例

　ただし，スタンドアロン測定器についているスイッチやつまみはPCにはありません．そこでPCの画面にチェック・ボックスや数値入力欄を表示させておき，マウスでクリックすることでスイッチやつまみの値を変えるということにすればよさそうです（図1-32）．それらのスイッチを表示したりユーザの操作を読み取ったりするのはアプリケーション・ソフトウェアが担当します．

● PCベース測定でできること

▶ 測定

　ほとんどのA-Dコンバータへの入力は電圧です．その電圧信号が元の物理量をどう反映しているかさえわかっていれば，あとはソフトウェアで処理することができるので，どのようなものでも測定できます．

　物理現象から希望の信号を取り出す方法は測定器以前の技術なので，スタンドアロンでもPCベースでも変わりません．信号を受け取るために特殊なしくみが必要ならば，A-Dコンバータの前（PCの外側）に信号調節器をつけて対応します（図1-33）．

▶ ユーザ・インターフェース

　スタンドアロン測定器の操作パネル上にあるスイッチやつまみ，結果の表示はPCの画面で行うことは述べましたが，せっかくならば豊富なグラフィック機能を使って本物の計測器そっくりの絵を描き，それをマウスで操作することで値を変えられると，違和感なく使い始められそうです（図1-34）．しかし，しばらく使っているとマウスでつまみを回すよりもキーボードから数値を入力したり，マウスで候補をポップアップして選んだりするほうが使い易いことに気がつきます．

▶ 保存

　アナログ計測器では，測定結果を残す一般的な方法として写真を撮っていました．そのため実験室には暗室が併設されていたり，インスタント・フィルムを大量に買い込んだりしていました（図1-35）．

　PC上の測定データは，ハード・ディスクやその他の取り外し可能なメディア（CD-Rやメモリ・カー

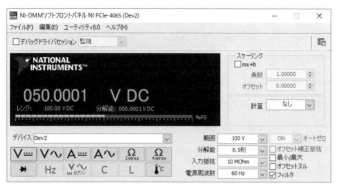

図1-34　PCの画面に表示させた測定器のパネル面

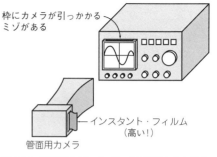

図1-35　計測器のディスプレイを撮影するための管面用カメラ

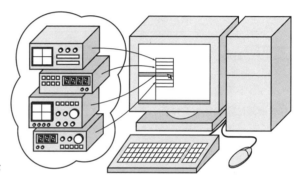

図1-36
いくつもの測定器の中から使いたいものをメニューで選ぶ

ドなど)に記録できます．それらのデータ形式を一般的なものにしておけば，他のアプリケーションで読み込んで見ることができます．また，メタデータ(データを説明するためのデータ，被測定物の情報や測定条件など)を付加できるフォーマットにしておき，それを検索対象にすることもできます．

▶ 再生

保存した測定データを後でもう一度読み込んでグラフに表示したり解析したりする．あるいはシミュレーション用のデータを作っておき，それを読み出して説明に使うことなどができます．測定条件(パネルの設定)を，ディスクにファイル名を違えていくつも記録しておき，読み込んで復元すれば，いちいち操作パネルをいじって測定条件を合わせる必要がありません．

▶ 組み換え

ハードウェアは同じでも，アプリケーション・ソフトを換えることで，いくつもの違った測定器に早変わりします．ワープロや表計算ソフトを立ち上げるのと同じ感覚です．何台もスタンドアロン測定器を揃えておく必要はありません(**図1-36**)．

一度に何台かの測定器を使いたい場合は少し困りますが，計測ボードが複数枚入っていれば同時に動かすことはできますし，1枚のボードに複数の機能を搭載している場合もあります．

また，アプリケーション・ソフトの開発ツールがインストールされていれば，自分で測定プログラムを作ることができます．何も買い足す必要はなく，どんどん測定器が増えていきますし，実験に最適で便利な機能を盛り込むことができます．これがPCベースの計測器の醍醐味といえます．

コラム4　PXI，VXIってなに？

　スタンドアロン計測器の優位な点は，なんといっても絶対的な品質と性能です．なにしろ妥協することなく計測に最適化して作られているので，測定できる周波数帯域が広く，ノイズは少なく，そして，高い精度が保証されています．しかし，これらを組み合わせてコンピュータ制御のシステムを作ろうとすると大きく重くなってしまいます．

　また，汎用PCは一般的にコストダウンが最優先され，アナログ回路のことなどはあまり考えられていないことが多く，実際，PCの中はディジタル・ノイズだらけです．また，筐体内で占有できるスペースや，使用できるコネクタには制限があります．ボードの抜き挿しの利便性やシールドもあまり考えられていません．

　そこで，大手のユーザと計測器や関連する業界の会社同士が話し合って，計測器に向いた入れ物（PCプラットフォーム）を作ろうということになりました．1987年ごろにVMEバスを拡張したVXI（VMEbus eXtensions for Instrumentation）が策定されました．簡単に複数の計測器（モジュール）を入れ替えられるように前面から抜き差しができるようになっています．電源やシールド，高速のクロックやトリガラインなどが拡張されていて，違うメーカのモジュールでも混在できるしくみを備えています．

　しかし，VXIは高価なことが難点でした．その後，技術が進み，もっとコンパクトで安いシステムとして1997年にCompactPCIを拡張したPXI（PCI eXtensions for Instrumentation）が発表されました．基本はWindowsパソコンと同じPCIバスですが，コネクタの形状や位置が異なっています．これもVXIと同じように前面から抜き差しでき，クロックやトリガラインなどが拡張されています．基本がPCIバスなので設計がしやすく，たくさんのモジュールを入れて小型化できます．異なるメーカや，拡張ラインを持たないCompactPCIのモジュールも混在できます．その後，PCI Expressの技術を取り込んだPXI Expressも追加されて，PCベース計測器の主流になりました．

第2章
システム・コントローラと仮想計測器

　本章では，制御はどのようにして行うのか，また計測したデータはどのように処理すればよいのかについて解説します．さらに，LabVIEWが実現する仮想計測器の考え方などについても解説します．

▶ 本章の目次 ◀

- 2-1　制御装置
- 2-2　データ処理
- 2-3　PC環境との融合
- 2-4　仮想化の意味
- 2-5　ソフトの重要性

2-1 制御装置

● 制御とは

　PCで外部の物理量を測定できるなら，逆にPCで外部の物理量を変化させる（制御する）こともできるはずです．例えば，ランプを点灯させたり，ヒータの温度を調整したり，モータを回したり，機械を動かすことなどです（図2-1）．

　現在では，ある程度決まっていることなら，PCに標準的に装備されている機能や一般的に市販されている機器を接続して実現できます．音を鳴らすことはサウンド機能を使えばできますし，高度な音楽は外部音源をMIDIなどのインターフェースで制御することで実現できます．

　さらに対象を広げるためにはPCから外部機器を動かすための信号を取り出せなければいけません．それがアナログ信号ならばD-Aコンバータ，ディジタル信号ならディジタル出力インターフェースを使います．

● D-Aコンバータ

　A-Dコンバータとは逆に，ディジタル・データをアナログ信号に変換するのがD-Aコンバータと呼ばれる変換器です（図2-2）．A-Dコンバータとは変換の方向が反対ですが，性能の指標は似ていて，おもにビット数と変換速度です．ビット数はディジタル・データの何ビットを出力電圧範囲に割り当てているか，つまりどれくらい細かい単位で電圧を変化させられるかを表します．また，時間的にどれくらい高速に出力を変化させられるかは変換速度（または最高変換クロックや変換時間で表現される）で表わします．

　PCで作ったディジタル・データは，D-Aコンバータでアナログ信号に変換することができます（図2-3）．波形データをPC内で作って連続で出力させれば信号発生器になります．

図2-1　外部機器の制御
PCでロボットの制御をしたり，ヒータの温度を調整できる

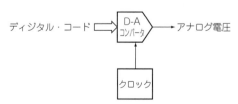

図2-2　ディジタル・データをアナログ信号に変換するD-Aコンバータ

図2-3 D-Aコンバータの出力

　D-Aコンバータから出てくる信号は変換クロックのタイミングで値が変化し，次のクロックまで同じ値が保持されるので，連続波形を出力すると変化の激しい箇所で階段状の波形になることがあります．もし問題があるときは，よりビット数の多いD-Aコンバータを使って分解能を上げるか，高速のクロックを使ってデータ量を多くするか，適当なアナログ・フィルタを通して信号を滑らかにするなどの工夫が必要です．

● トランスデューサ（パワー・ドライバ）
　D-Aコンバータの出力信号は電圧の変化として出力されます．これを物理量に変換するのがトランスデューサです．例えば，ランプは電気を光に，ヒータは電気を熱に，モータは電気を回転運動に変えるトランスデューサです．針式のメータは，電気→位置のトランスデューサともいえます．
　この方向の変換は物理量を制御するためのパワーが必要で，D-Aコンバータの微弱な電力で直接駆動できることはまれです（例えば，スピーカはパワー・アンプがないと音が出ない）．その他にも制御対象の都合に合わせなければならないため，専用に駆動装置が用意されている場合がほとんどです（図2-4）．
　駆動装置への入力信号はアナログまたはディジタルで用意されています．何Vや何mA，またはディジタルのビット・パターンに対して，どのくらいの物理量を変化させるかが規格で示されているので，それに合わせて信号データを用意します．電圧-電流変換や信号を絶縁する必要がある場合は，そのための調節器を間に入れます．

● スケジューラ
　PC側であらかじめ順序を決めておき，そのとおりに動かすことは比較的簡単にできます．例えばニーズが多くはないかもしれませんが，ペットや家畜のために，朝7時になったら柵を開け，12時になったらお昼のサイレンを鳴らして餌箱の蓋を開け，5時になったら寝床に帰る合図の音楽を流すことを毎日繰り返す，ということも可能です．

● 計測結果を元に制御
　測定した結果によって動きを変えることもできます．ロボットもずいぶん高度な動きができるように

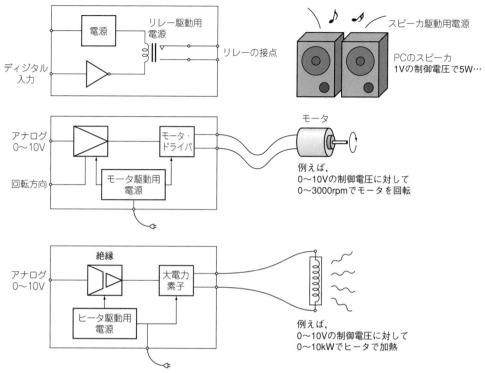

図2-4 物理量を制御するためにはパワーが必要なことが多い

なりました．相手やまわりの状態を読み取って，それにふさわしい動きをするようになっています．例えば，障害物をよけて歩くときは，障害物があるかないかを感知(測定)して，あれば回避方法を検討(処理)して，そちらに方向転換するようにモータを動か(制御)します．

一般には馴染みがないかもしれませんが，工場で原料に使う薬品タンクの管理をするとき，量が少なくなればバルブを開けて，多くなれば閉めて調節しつつ，量が違っても温度を一定に保つように加熱ヒータの調節をするということも，計測結果を元に動的に制御する例です(図2-5)．

測定した値をどのように解釈，演算して制御の度合いを決めるのは奥が深く，それぞれの分野で学問にもなっています．例えば，ある物体の温度が下がったとき，なるべく早く元の温度に戻したいけれど，過熱しすぎてしまわないように加熱の度合いを最適化する．このようなフィードバック制御は昔から行われていて，専用の調節器が単体製品として売られています．初期はアナログ回路でしたが現在はマイコンとソフトウェアで行っています．

PCならば1台で多くのチャネルを同時に制御できます．またチャネル間で情報を共有し，ネットワークとも連携して，全体の予測に従ったもっと高度な調整を行うことができるでしょう．予測にAI(人工知能)を使うことも考えられます．

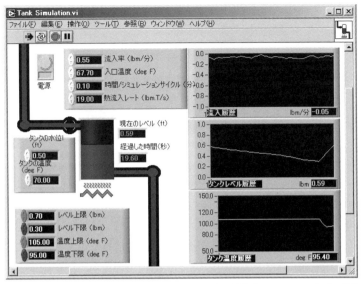

図2-5 タンク内の液体の量と温度を一定に保つように制御するLabVIEWのプログラムの例

2-2 データ処理

● データ処理

　測定結果をもとに制御を行うときは，必ずデータの処理が必要になります．何かを調節する場合は，測定→処理→制御を繰り返しながら測定結果の変化に追従させます．どれくらいの頻度で繰り返すかは用途によりますし，測定および制御の対象がどれだけの時間で変化するか，ということにも影響されます．繰り返し周期が一定しているものはリアルタイム（実時間）制御といわれることが多いようですが，その程度は千差万別です．

　オンデマンド（要求に応じる）の例としては，合否判定があります．製品ができあがってきたタイミングで起動して検査を行い，結果によって合格か不合格化を決めます．

　測定したデータはいわば素材です．生データとも呼ばれ，それを処理することで，素材だけでは見えなかったいろいろな特徴をつかむことができます．

● 物理量に換算

　まずは，取り込んだ電圧データを物理量に変換し直します．ある程度の物理量はセンサが対応してくれるので，電圧から単純に変換し直せば希望する物理量を得ることができます．白金測温抵抗体に流れる電流を温度に変換する場合はこれに相当します．図2-6は，風向きを電圧に変換するセンサです．測定した電圧を風向きに換算する方法はすぐわかりますよね．中には，電圧と物理量が直線的に対応しな

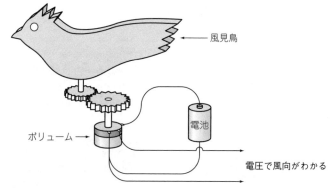

図2-6 風向きを電圧に変換するセンサ

いものもあります．2次や3次の関数で計算できるもの，または換算表を参照して探さねばならないものもあります．

● **演算**

電圧と電流を掛け算して電力にするような単純計算だけでも，けっこう役に立ちます．また，直接測れない物理量を推定するために，関係のある別の物理量から演算することもあります．例えば，ガスや溶けた金属中に含まれる微弱な元素量を，温度とある元素の電極に生じる起電力から化学電池の原理を使って計算することができます．

● **解析**

何箇所かのデータの関連性を探ったり，たくさんのデータの統計を取ったりすることで全体像を推し量ることがあります．温度やひずみの分布などは関係性を2～3次元に広げた例ですし，統計結果はより大きな対象の予測に使えます（図2-7）．

さらに，データの時間的変化を捉えて別の意味を持たせることもよくあります．波形（時系列データ）はまさに時間的な変化の形を表し，その特徴によって性質をある程度判別ができます．余計なノイズがないか，あらかじめ決められた枠の中に納まっているかどうかを判別することで品質の管理ができます（図2-8）．

時間の要素が入った波形は，演算処理によって実にさまざまな情報を提供してくれます．微分すれば変化の急峻さが，積分すれば面積（総量）が，フーリエ変換すれば周波数成分がわかります．また，ディジタル・フィルタを通せば希望する成分が，2箇所の波形を畳み込みすれば時間的遅れなどが取り出せます（図2-9）．

そのほかにも，データ処理によって得られる情報はたくさんあります．ソフトウェアを簡単に組み直せるPCベース計測器では，いろいろな処理方法を気軽に試してみることができますし，目的に完全に合わせたソフトウェアを作ることができます．

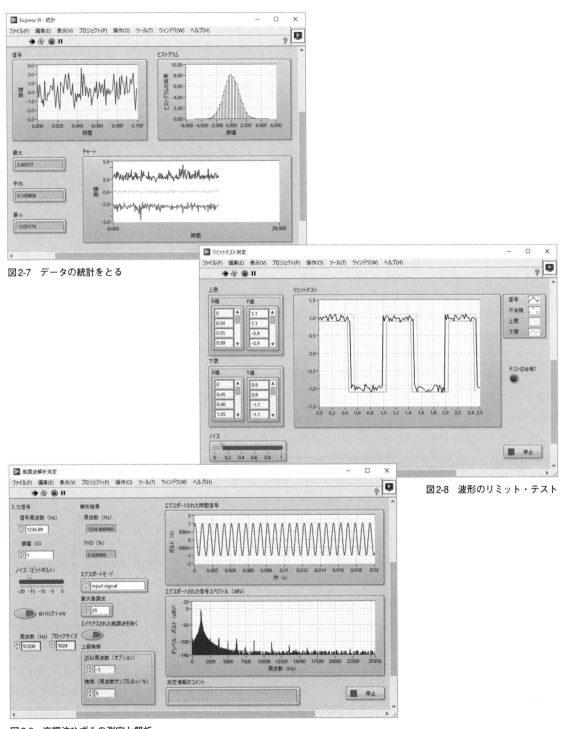

図2-7 データの統計をとる

図2-8 波形のリミット・テスト

図2-9 高調波ひずみの測定と解析

● 表示

　制御するための条件を種類別に入力したり，今の状態がどうなっているかをランプやメッセージ・ボードで示したり，取り込んだデータまたは解析した結果をより見やすく特徴をわかりやすく表示したりすることができます．文字だけでなく，表やグラフ，3次元，アニメーションなどを使った表示は，色数が豊富で解像度が高く，描画も高速なPCのグラフィック機能のおかげです．

2-3　PC環境との融合

● PCの機能を使う

　制御の方法や，測定/解析した結果は計測アプリケーションの中だけで閉じてしまうこともできますが，PCのほかのハードウェアやソフトウェアとやり取りすることで，個々の負担を減らしながら機能を増やすことができます．

　わかりやすい例では，結果をそのまま表計算ソフトに渡してレポートを作成する場合があげられます（図2-10）．数値結果を別の表示ソフトに渡してグラフ化したり，制御モデルを他のシミュレーション・ソフトで検討して結果を取り込むなどすれば，計測アプリケーション側でわざわざデータを加工する必要がなくなり，専用ソフトで処理したほうが一般的にはよい結果が得られます．

　PCのサウンド機能を使って，操作の指示や警報を出すのは簡単です．前もって音声をデータ化しておき，その音声データを再生すればよいだけです．ビデオ再生も同様です．

　PCをノート型にすれば，必然的に持ち運びが容易な計測器ができあがります．データの保存は大容量のハード・ディスクやUSBメモリなどのリムーバブル・メディアに任せることができます．

　今PCでできること，そしてこの先PCでできるようになることは，すべてPCベース計測器でできることです．

● 試験管理

　試作品や製品の試験をするときは，1項目だけを測って終わりというわけにはいきません．制御条件や測定条件を変え，何項目にもおよぶ試験を行い，それらの結果を総合して良否を判定し，結果を記録しなりればなりません．

　そのためには制御や測定を行うハードウェアを順番に使って試験を進めていくようなプログラムを作る必要があります．スタンドアロン計測器を組み合わせてこれを実現すると，機器の台数が多くなり，どこか遅い箇所がボトルネックになって試験に時間がかかってしまうこともよくあります．

　PCベース計測器では，個々の計測プログラムと全体管理プログラムを分ける設計が比較的簡単に採用できます．計測プログラムは，試験項目ごとに最低限の表示機能だけを持ったモジュールとして作成しておきます．全体管理プログラムが計測スケジュールに従って計測プログラムを呼び出して試験を実行し，個々の結果を判定して記録します（図2-11）．

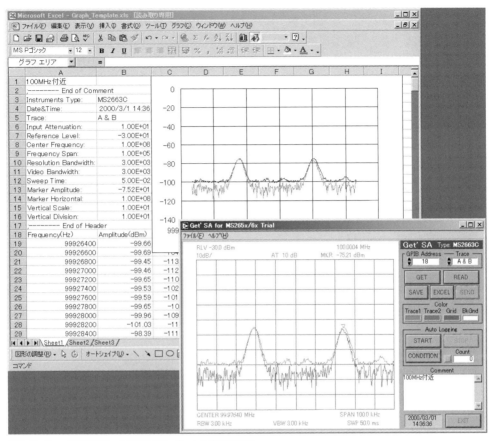

図2-10 Excelに直接データを渡してレポートを作成する例

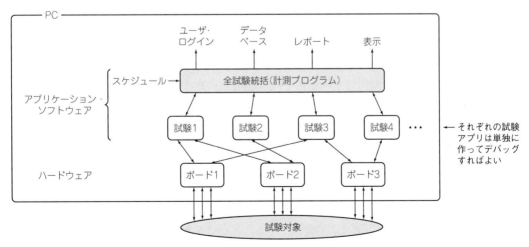

図2-11 個々の試験をまとめて管理する

2-3 PC環境との融合

互いに干渉しあわないモジュール(測定器，被測定物，測定項目)なら，同時に実行させることもできます．また，試験項目の組み替えも簡単です．それぞれのハードウェアは同じバス上に，ソフトウェアは同じPC上にあり，互いに連係しやすいように設計できるので，全体の試験速度を上げるのにも有利です．NI(National Instruments)社では，TestStandという試験管理専用のツールがあります．

● データベース

実験データや試験データを共有するために，データベースを構築していることがよくあると思います．その場合，PCはデータベースにアクセスできるように設定されているはずなので，PCベース計測器もデータベースに接続できます．計測アプリケーション・ソフトの中でデータベース・アクセスのための言語(SQLなど)を使ってプログラムを組んでおくと，データベースと直接データのやりとりをすることができます．

LabVIEWでは計測データの保存にTDM/TDMSファイルを使うことで，測定データと関連情報を構造化されたフォーマットで保存できます．計測データを保存，管理するために最適化されていて，カスタムプロパティの追加も簡単です．汎用のデータベースを使って設計する手間が省けるうえに，DataFinderで高速な検索が行えます．DIAdemなどのデータ処理ソフトウェアでも利用できます．

● インターネット

PCがインターネットにアクセスできるのであれば，PCベース計測器もまたインターネットを利用することができます．ヘルプをネットワーク・サーバ上のコンテンツとリンクしておく，定時報告または異常があったら電子メールを発信して管理者に知らせる，サーバとして試験結果を公開する，インターネット経由で計測データを取得する，または計測PCをリモート・コントロールすることなどが考えられます．

PCベース計測器があちこちに分散している場合や，データ解析にCPUパワーが必要なとき，複数の計測器やデータ処理用PCをネットワークで接続して共同で仕事を行うこともできます(図2-12)．

● PCの進化

PCはものすごいスピードで進化しています．CPUの速度，メモリの搭載量，ストレージの容量と速度，OSの機能などが上がっていきますが，価格はむしろ下がる傾向にあります．また，デスクトップPCの場合は，最新の部品と入れ替えることも可能です．

PCの性能が上がったことで，新しい機能を盛り込んだ(より負荷の大きい)ソフトウェアが実用的に動くようになるのならば，計測器としての機能も上がったことになります．

ただし，一つだけ性能向上が伴わないとすれば，拡張ハードウェアとして入れた計測部分(A-Dコンバータ・ボードなど)です．しかし，これらもPCの部品と同じように，新しくて性能の上がったものと交換することによって，計測器としての性能を上げることができます．つまり，部分的な投資をすることで，全体としての寿命を延ばすこがができます．これはスタンドアロン計測器には絶対にまねのできな

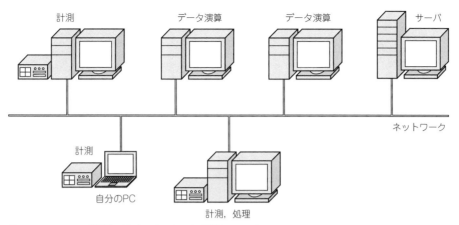

図2-12　PCベース計測器があちこちにあると分散処理ができる

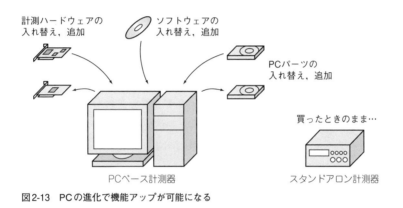

図2-13　PCの進化で機能アップが可能になる

い利点です(図2-13).

2-4　仮想化の意味

● 仮想計測器(バーチャル・インスツルメンツ)

　目の前にあるのは，どう見てもいつも使っているPCで，ワープロやインターネットを利用できます．しかし，ひとたび計測用アプリケーションを動かすと，それは紛れもなく計測器になるのです．同じPCが違う計測器として動くこともあります．

　このように，本当は違うかもしれないけれど，そういう「もの」のように動いて見えるのなら，ここではとりあえず(仮に)「それ」であるとすること(想定)ができます．「それ」が計測器ならPCは計測器だと仮想され，すなわちイコール仮想計測器になります．

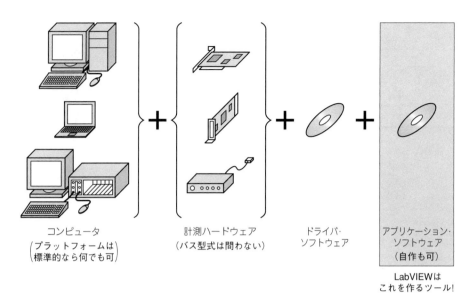

図2-14　PCが仮想計測器になる

　ちょっとこじつけのような気もしますが，本書では仮想計測器の定義として「標準規格のコンピュータに，アプリケーション・ソフトウェアやプラグイン・ボードなどのハードウェア，ドライバ・ソフトウェアが装備され，これらが一体となって従来の計測器の機能を果たすもの」としましょう（図2-14）．

　仮想計測器とは，バーチャル・インスツルメンツ（Virtual Instruments）の日本語訳です．バーチャル・インスツルメンツやそれを使った計測のことをバーチャル・インスツルメンテーションと呼んだのは，LabVIEWの開発元であるNI社ではないかと思いますが，最初はLabVIEWで作成したプログラムがあたかも計測器に見えることから名付けたのだろうと思います（詳細は後述）．

　しかし，仮想という概念は，もっと広くあてはめることもできますし，もっと細かい部分にあてはめることもできます．本当は違うどころか実体もないのかもしれませんが，あたかもそこにあるように体感できるのはバーチャル・リアリティ（仮想現実）ですが，本書では計測に関連するものについて考えていきます．

● ハードは何でもかまわない？

　前節でPCは部品の交換ができるという話をしましたが，それができるのはそれぞれのハードウェアに互換性があるからです．ハード・ディスク，メモリ，電源，PCIバス，USB，メモリ・カードなど，それぞれが規格に従って作られているからこそ，交換してもちゃんと動作するのです．

　さらに進めて考えてみると，それぞれのハードウェアの中のしくみは違っても，決まった範囲で同じ役割をしてくれれば交換することができます．例えば，ハード・ディスクは円盤を回して磁気記録するものでなくても，大容量の半導体メモリでもかまいません．これは「機能の互換性」があるということで，そのために一つ重要なことがあります．それは，使う側からは「同じ手続きで使える」ということです．

コラム5　従来タイプの計測器とPCベースの計測器

　計測／オートメーション用PCベースのプラットフォームPXI（PCI eXtensions for Instrumentation）などが普及してくると，従来からあるスタンドアロン計測器の出番がなくなってしまうのではないかと心配になります．将来はどうなるかなど，だれにも予測できませんが，個人的にはすぐにはなくならないと思います．

　例えば，基本計測器であるマルチメータやオシロスコープは，つまみとディスプレイが一体となっており，コンパクトでとても使いやすく，価格はPXIに比べて安価です．PXIはいろいろ組み合わせると高価になり，キーボード，ディスプレイ，マウスをつなぐだけで場所を取ってしまいます．

　高級な計測器は，最先端のデバイス技術を惜しげもなく投入しているので，汎用部品でコストを下げようとしている計測ボードでは，性能面で太刀打ちできません．また，中身はどんどんPCベースの計測器に近づいています．OSはWindowsで，計測アプリケーションを起動して使い，ハード・ディスクやネットワーク・ポートを持っているなど，まるで計測器の中にPCを入れた格好になっています．

　それでも，ユーザが中身をいじるのは保証範囲外ですし，ウィルスに感染して全滅してしまったなどという笑えない話も聞きます．

　測定器は，1台でユーザ個々の数多い要求にできるだけ対応できなければなりません．そのため，スタンドアロン計測器はたくさんの機能を満載していますが，実際に使うのはその一部の機能だけ，ということがよくあります．ところが多機能にするために，そのぶん開発コストが多くかかってしまうので，測定器1台の価格はそれだけ高めに設定されます．しかし，あまりに高い価格では売れ行きに影響してしまうので，一部の機能をオプション扱いとして本体から外すことで，測定機本体の見かけ上の価格を下げる努力をしている場合もあります．

　スタンドアロン計測器の優位点として，計測器メーカがその閉じたセット単位で精度を保証していることがあげられます．計測ボードの場合，単体では精度が保証されているといっても，実際にPCに入れて，自作のアプリケーション・ソフトを組み合わせた場合は，その精度の保証の範囲があいまいなことがあります．

　それでもこの後，どんどんPCベース計測器が進歩し，性能や精度保証の問題もクリアされていくでしょうから，真っ向から競合するレンジではPCベース計測器が優勢になり，スタンドアロン型は低価格な基本計測器とわずかばかりの高級機が残るのではないかと思います．

　ハード・ディスクでいえば，同じ形式のデータを用意して同じ書き込み命令とともに送れば記録してくれ，場所の指定をして読み込む命令をすれば，データを読んで同じ形式で送ってくれるということです．

　このレベルで同様に使えるなら，ハードウェアの中のしくみが違っていてもかまわないのです．この例として，USBメモリはUSBコネクタに挿すチップなのにハード・ディスクやSDカード，光ディスクと同じように使えますよね．

実体はどうあれ，データを記録/再生してくれる相手だと想定すれば，これも仮想化といってよいと思います．そうすれば，使う側からは実体が何であるかに関係なく，同じように扱うことができます．その裏では，各ハードウェアの違いを吸収して同じように見せかけるためのファームウェアや，ドライバなどのソフトウェアが活躍しています．さらにWindowsなどのOSのドライバ部分が仲立ちをすることで，完全な互換性が成り立っています．

● 計測ボードの互換性

計測ボードは互換性という面では少し遅れていて，使う側（アプリケーション・ソフトウェア）はボード専用のドライバ・ソフトウェア（デバイス・ドライバ）が提供するインターフェースを直接呼び出す必要があります．これはつまり，OSの一部分にするほど一般的でない拡張ハードウェアだからです．

そこで，アプリケーション・レベルのプログラム（LabVIEWで作るプログラムはここに属している）の中で，入力の設定/変換開始/データ読み取り/終了などの機能別にデバイス・ドライバを呼び出すようなソフトウェア部品を作っておくことがあります．そうすることで，それ以降のプログラムが作りやすくなります．本書では仮に「AP（アプリケーション）ドライバ」と呼ぶことにしましょう．計測ボードのメーカがAPドライバを「LabVIEWライブラリ」や「フレームワーク」と称して提供していることも少なくありません．

APドライバを呼び出す側のプログラムから見れば，APドライバより先は「計測データを取ってくるもの」として仮想化することができます．その中身は計測ボード，デバイス・ドライバ，APドライバが組み合わさっています（**図2-15**）．

とうとうハードウェアとソフトウェアの境界がはっきりしなくなってきました．このように仮想の概念では，ハードウェアとソフトウェアを区別することはあまり意味がありません．どの部分を仮想化するかというだけの違いです．最初に定義した仮想計測器は，すでにハードウェアとソフトウェアを組み合わせたものになっています．

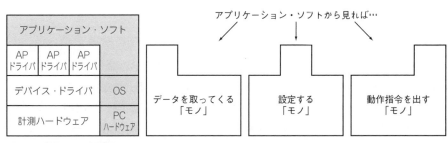

図2-15 機能による仮想化

コラム6　FFTについて

　FFTは(Fast Fourier Transfer：高速フーリエ変換)の略で，フーリエ級数の係数を高速に求める方法です．フーリエ級数とはどんな複雑な波形も周期性をもった波であれば単純なサイン波とコサイン波の級数で表せるという理論です．級数とは数列の和のことで，各周波数のサイン波とコサイン波が(無限に)足されていく数式だと思ってください．

　矩形波は同じ周波数の波(基本波)に，周波数が奇数倍で振幅が1/奇数 の波(高調波)が無限に加算された波形であることが知られています．**図2-A**，**図2-B**，**図2-C**を見てください．足される高調波が多いほど，完全な矩形波に近づいていくことがわかるでしょう．

　コンピュータ上で扱う波形データは，レベルと時間が離散的，つまり飛び飛びの時間に沿った点データの集まりです．どのくらいの時間(ポイント数)があれば周期性を見出せるかは，最初の時点ではわかりません．そこで，ある程度の時間分を切り取り，それが無限に繰り返されると仮定してフーリエ変換を行います．

　コンピュータ上でのフーリエ変換は膨大な回数の掛け算をもって実現されていて，離散データを扱うことからDFT(Discrete Fourier Transfer)とも呼ばれます．例えば，1000ポイントの波形データをDFTするのに1000×1000回の掛け算が必要ですが，ポイント数を2のべき乗にすることで計算量を減らすことができます．1024ポイントのデータであれば，10240回でできるので当然高速です．これがFFTです．

　FFT演算を行った結果として得られるのはサイン/コサインの係数なので，それから周波数ごとの振幅と位相角を求めます．振幅の単位でいくつか呼び方が変わり，パワー・スペクトラムは周波数ごとのパワー・レベルをグラフ表示したものです．

　LabVIEWのFFT関数は，他のコンパイラと比較しても高速な部類に入ります．ポイント数が2のべき乗でないときは自動的にDFTを行い，こちらも驚くほど高速です．FFT演算の式はサイン，コサイン，タンジェントやら複素数なども出てきて数式嫌いの私は頭が痛くなってくるのですが，そのあたりはすべてLabVIEWがやってくれるので助かります．

　正確には，ポイント数が2のべき乗でないときはFFTではありませんが，すでにFFTという言葉が時間波形を周波数波形に変換することを指すようになっているので，ポイント数に関係なくFFTと呼ぶことにします．

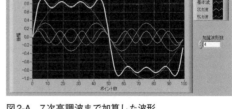

図2-A　7次高調波まで加算した波形

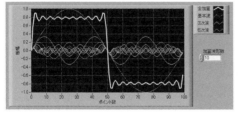

図2-B　19次高調波まで加算した波形

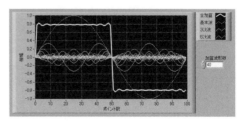

図2-C　72次高調波まで加算した波形

● 同じ機能で入れ替え

　計測ボードが故障したときは，そこだけを取り替えることができます．多くの場合，同じメーカであれば，違う型番のボードでもそのまま差し替えられます．違うメーカのボードはデバイス・ドライバが提供するインターフェースが違いますが，APドライバだけを作り直せば交換できます．メーカがAPドライバ（LabVIEWライブラリ）を提供している場合は，メーカごとに使い方が違うことが多く，アプリケーション側を作り替えなければなりません．ただし，機能的に似ているぶんだけ使用手順も似ていて，さほど労力はかかりません．

　こういったことが比較的簡単にできるのは，計測ボードは計測器の中でもなるべく共通化できる部分を抽出して作ってあり，特殊な機能を持っていないからです．多くの場合，特徴的な機能はアプリケーション・ソフトウェアで実現しています．これによって故障で使えない時間（ダウンタイム）を短くできますし，修理は比較的安い費用でできます．また，もう少し高級な計測ボードと入れ替えることにより，A-Dコンバータの性能を上げることもできます．

　例えば，時系列データを取り込んでFFT演算をし，周波数解析をするシステムを考えてみましょう．

　システムの処理分担を考えると，大きく次の2つに分けられます．

　一つは，計測ボードは単純なA-Dコンバータで時系列データを取り込み，アプリケーション・ソフトでFFT演算をして周波数対レベルのグラフを描くものです．

　もう一つは，計測ボードにA-DコンバータとDSP（ディジタル・シグナル・プロセッサ）を搭載していて，ボード上でFFT演算までを行い，アプリケーション・ソフトは周波数データをもらって表示させるというものです（図2-16）．

　全体を見れば，二つともまぎれもないFFTアナライザという計測器ですが，それぞれの中では違うことが行われていて，まさに仮想計測器そのものです．一昔前は，専用のハードウェアを使わないと満足した性能が得られなかったものが，PCの進化のおかげで十分に処理できるようになりました．

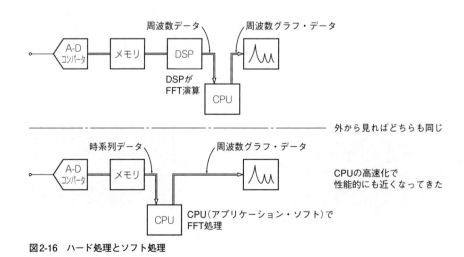

図2-16　ハード処理とソフト処理

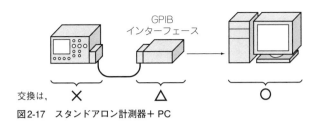
図2-17　スタンドアロン計測器＋PC

● スタンドアロン計測器の互換性

　スタンドアロン計測器をGPIBインターフェースでPCと接続した場合の特徴を見ていきましょう（図2-17）．この場合，計測器とPC，そしてGPIBインターフェースの3つの部分に分けられます．PCは，メーカが違ってもほぼ同じ機能を持っているので入れ替えができます．GPIBインターフェースは，同じメーカのものならデバイス・ドライバがその違いを吸収してくれるので入れ替えられそうですが，メーカが違うと命令などが違う場合が多く，APドライバ・レベルで作り直さないとうまく動きません．計測器は，その計測器特有の機能を使っている場合は，同じメーカであっても入れ替えができません．

　スタンドアロン計測器は，それぞれに特別な機能をもっていることがセールス・ポイントなので，他とはどこかが違っていなければならないのが特徴です．そのため，基本機能に加えて過剰と思えるほど多くの機能を持っています．こういったものは，交換や仮想化には不向きです．

　もちろん，仮想化のための努力は昔からなされてきました．違うメーカ間でも通信プロトコルや制御コマンドの文法を統一しよう（SCPI）とか，デバイス・ドライバ・レベルで対応しよう（IVI），APドライバを計測器ごとにあらかじめ用意しておこう（計測器ドライバ）など，いろいろと試行されてきましたが，本質的に「他社との差別化」という宿命があり（簡単に入れ替えられては困るので）目立った成果は上がっていません．

● モジュールの入れ替えだけで違う機能を実現

　仮想化と互換性については必ずしも一致するわけではありませんが，仮想化の切り口を互換性と絡めて考えると利点が浮かび上がってくるので，その点を中心に説明してきました．

　例えば，バーチャル・リアリティは，人間の感覚というインターフェースの部分に互換性がないと，リアリティを感じてもらえません．また，互換性の話は抽象化という言葉でも説明できますが，仮想化のほうはもっと広い意味で捉えてもらえればよいと思います．

　これからの説明上，互換性のあるなしは別として，ある機能をもった単位をモジュールと呼ぶことにしましょう．モジュールもくくり方しだいで大きくも小さくもなりますが，仮想化の概念をここでも当てはめ，とりあえず何かをするカタマリと思ってください．

　いったん仮想化したものは，違うものと仮想しなおすことで違うものになります．禅問答ではありませんが，どこかのモジュールを違う機能のものと取り替えることで実際に違う計測器に変えることができきます．

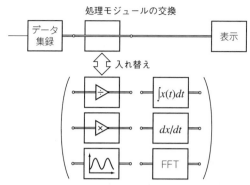

図2-18 ソフトウェア・モジュール

● ソフトウェア・モジュール

　まず，アプリケーション・ソフトウェアの一部を変えてみましょう（図2-18）．A-Dコンバータで取り込んだ電圧をそのまま表示すれば電圧計です．同時に，発生した電圧を抵抗値で割り算すれば電流計になります．電圧と電流を掛け算すれば電力計に……，といった具合に元のデータの演算方法を変えれば違う測定器になります．演算をする部分は，元の値を受け取って演算結果を返すという仮想モジュールにしておけば，変更が簡単になります．

　また，A-Dコンバータが一定のクロックで連続して取り込んだ電圧データをまとめてグラフに表示すると，オシロスコープになります．このとき，グラフの横軸は何個目のデータかということですが，クロックの間隔が時間でわかっていれば時間として表現（時系列）することができます．

　もし，時系列データが加速度センサの信号だったら，積分すれば速度が，もう一回積分すれば変位量が出ます．時系列データをFFT（Fast Fourier Transform；高速フーリエ変換）すれば周波数アナライザになります．

　アプリケーション・ソフトウェアを変更するのは，プログラムを作れる人にとっては比較的簡単でお金もかかりません．作るには時間が必要ですが，ソフトウェア・モジュール化が進んだツールを使えれば，非常に短時間で作ることができます．

● ハードウェア・モジュール

　ソフトウェアでカバーしきれない場合は，計測用のハードウェアを変えます．そのほとんどはアナログ信号の段階で処理しないと性能を満足させることができない場合です．

　具体的には，センサを働かせるために特殊な回路が必要であったり，微小な信号を高精度で測る，グラウンドと絶縁する必要がある，電波帯域の信号を測る，ディジタル信号で適合するインターフェースが必要になる，高電圧を測る，といった場合です（図2-19）．

　また，制御のためにアナログ信号を発生させたい場合や，大きな電流をスイッチしたいという場合は，そのためのハードウェア・モジュールが必要です．先に説明したパワー・ドライバ・タイプのトランス

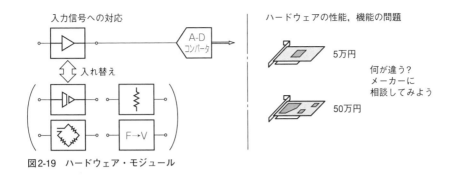

図2-19 ハードウェア・モジュール

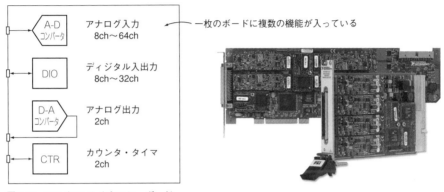

図2-20 マルチファンクション・ボード

デューサと似ています．

　これらはわざわざ計測ボードを交換しなくても，その前後に信号調節器を追加して適切な変換をしてやれば済む場合があります．また，複数の計測ボードを差し込んで，多機能の計測器を作ることもできます．中には，1枚のボードで複数の機能を搭載したマルチ・ファンクション・ボードもあります（図2-20）．

　ハードウェアの機能が変わったとき，どれだけ楽にソフトウェアが対応できるかという点は，全体の生産性に大きく関わってきます．

2-5 ソフトの重要性

● ソフトによって何にでも化ける

　これまで述べてきた中で，仮想計測器ではソフトウェアの役割がいかに重要かということがわかったと思います．

　デバイス・ドライバ・ソフトがないと計測ボードは動きませんし，アプリケーション・プログラムを

作るときはデバイス・ドライバ・ソフトが提供するインターフェースを利用することになります．これらは一般的にはメーカが提供してくれます．しかし，そのできの良し悪しはユーザの負担を大きく左右するので，その機能をある程度は知っておく必要があります．

A-DコンバータやD-Aコンバータは同じでも，PCがあたかも別の計測器に変身してしまうのが仮想計測器の最大のメリットであり，その重要な部分を担うのがアプリケーション・ソフトウェアです．

計測に必要とされる測定器の機能は，その場面によって異なりますが，その要求に合わせてソフトウェアを自由にかつ，できるだけ手間をかけずに作ることができるかどうかが，仮想計測器導入の成功のカギを握っているといっても過言ではないでしょう．

では，本書の趣旨である仮想計測器のアプリケーション・ソフトウェアを作る（プログラミングする）ための開発ツールを見ていきましょう．

● 汎用言語とサポート・ライブラリ

筆者がプログラミング言語と聞いてすぐに思い浮かぶのは，C言語やBASIC言語です．読者の中には，PascalやCOBOL，FORTRANを学んだ方，JavaScriptやPython，Rubyなどを思い浮かべる方がいるかもしれません．ユーザ数が多い順ではBASIC，C，Javaといったところでしょうか．Windows，Macintosh，Unix（Linux）などのOSによっても違うかもしれません．

これらは「言語」と呼ばれることからもわかるように，命令や制御方法を表す言葉を使って文章を書くことでプログラムを記述していきます（**図2-21**）．そういう意味では，テキスト・ベースの開発ツールと表現することもできると思います．本来，バイナリ・コードしか理解できないコンピュータの歴史の中で，人間が容易に理解できる言葉を使ってプログラムを作ることができるということは画期的なことだったのでしょう．現在でも使われている「高級言語」という呼び名に，それが意味するものが表れているような気がします．

そうして書かれたプログラムのファイルをソースと呼びます．ソースは人間（プログラマ）にはわかる文章ですが，そのままだとCPUは理解できません．ソースをCPUが理解して実行できる機械語に翻訳する必要があります．その翻訳のことをコンパイルと呼びます．また，ソースを少しずつコンパイルしては実行させるしくみをインタープリタと呼びます．それに対して，まとめてコンパイルしてから実行するしくみをコンパイラと呼ぶこともあります．

コンパイルした際に，単独で実行可能なファイルを書き出すこともでき，それを実行ファイルとかEXE（エグゼ，executable＝実行可能の略）と呼びます．

また，コンパイルの処理をするコンパイラの出来によって，同じことをするプログラムでも実行速度が違う場合があるということを憶えておいてください．

C言語は他の言語に比べ，人間にとっては少々わかりにくいものの，コンパイラの性能を上げやすく，できあがった実行ファイルもサイズが比較的小さく，プログラムの実行速度が速いのが特徴です．

また，C言語は柔軟性に富んでおり，現代のPCでC言語を使えばハードウェアに密着したドライバ部分からアプリケーションまで，だいたいどんなプログラムでも書くことができます．

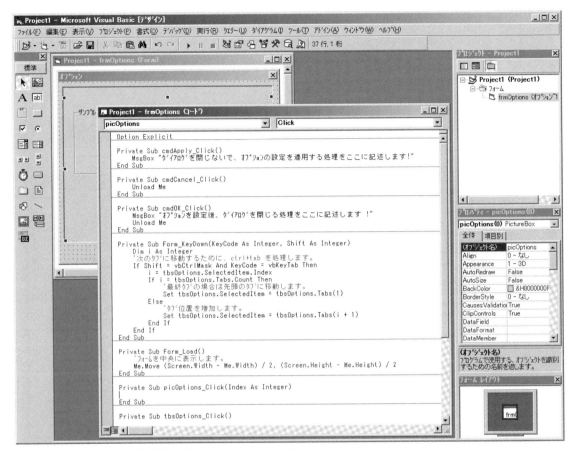

図2-21 テキスト・ベースの開発言語の例(Microsoft Visual Basic)

　C言語以外でも，例えばBASIC言語でもOSの機能のほとんどを駆使してオフィス用から科学技術計算，ゲームなどのあらゆるプログラムを書くことができます．そういった意味でこれらは汎用的に使うことができる，優れた開発ツールです．

　これらの汎用言語で計測制御用のアプリケーションを作成するとき，ハードウェアとのやりとりをする部分(デバイス・ドライバ)をいちいち作っていたのでは，アプリケーション開発の効率が悪いので，計測ボード・メーカがデバイス・ドライバを用意し，それぞれの言語から呼び出せる関数群を公開しています．通称API(Application Programming Interface；アプリケーションとのインターフェース)と呼ばれるもので，説明書を見るとたくさんの関数が一つ一つ解説されています(図2-22)．

　また，Windowsでは，ActiveXが持つアプリケーション同士の連係や取り込みのしくみに則ったソフトウェア・モジュールを提供している場合もあります．開発時にパネルに貼り付けるだけで計測ボードの設定を変更できたり，データを取り込めるようになります．また，計測器のつまみやグラフに似た部品が用意されています(図2-23)．

2-5 ソフトの重要性　　59

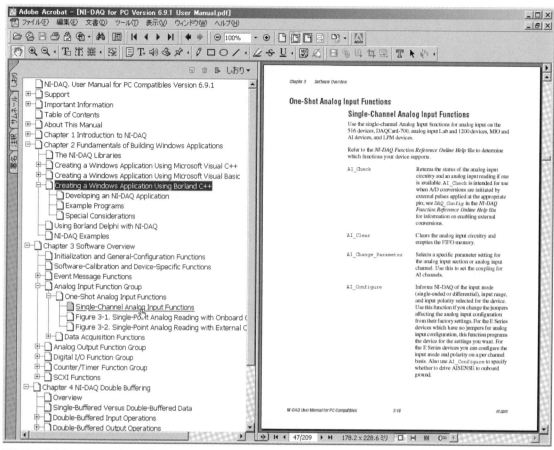

図2-22　デバイス・ドライバのAPI説明文

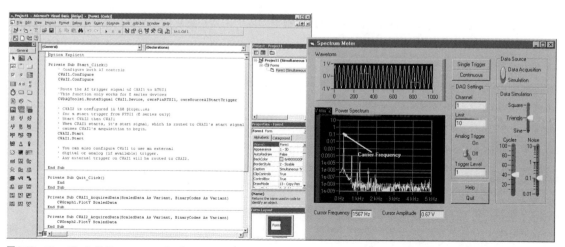

図2-23　VisualBasic用 Measurement Studio

ほかには，データの処理や解析，表示などよくありそうな処理をあらかじめプログラミングしておき，開発言語から呼び出して使えるようにしたプログラマ向けツールも多く発売されています．このようなソフトウェアをサポート・ライブラリ(共用プログラム集とでもいうべきか)と呼ぶこともあります．

　これらのツールを統合して計測制御アプリケーションを作れれば，すばらしいソフトウェアができあがるはずですが，計測器の機能のほとんどをプログラムしなければならないのですから，かなりの習熟度が必要です．実際に市販されているソフトウェアはそうして作られたものなのでしょうが，そのためには大変な労力と時間がかかっているはずです．

● 数値解析ソフト＋データ集録機能

　科学技術計算のためのアプリケーション・ソフトウェアは，数多く発売されています．簡単なところではExcelなどの表計算ソフトもこの機能を持っています．データを表形式で持っていて，必要なデータ同士を演算して別の表に格納したり，いろいろなグラフを描いたりできます．

　実際に取り込んだデータの数値解析を行ったり，数値シミュレーションの結果を実物で検証できるように，オプションとしてデータの取り込み機能を追加することができるものもあります．

　また，市販のアプリケーションにデータの取り込み機能を追加できるアドオンと呼ばれる種類のソフトウェアも販売されています．これらはあまり細かい制御はできないようですが，用途に合致すれば手軽にデータの取り込みができます．

● 計測制御向け言語

　計測制御用アプリケーションを作るための開発環境は，いろいろな種類のものが発売されています．

　テキスト・ベースの開発言語に，計測制御用の機能を標準で追加したタイプのものとして，HT-BASIC，Lab Windowsなどがあげられますが，これらはVisual CにActiveXコンポーネント・ライブラリを足したものとあまり大差がありません．また，プログラムはテキストで書かなければならず，文法をまちがえると動いてくれません．

　テキスト・ベースの開発環境に対して，プログラム自体をテキストではなく直感的な絵文字(アイコン)の組み合わせと配線で作成していくツールの代表として，DASY Lab，HP-VEE，LabVIEWなどがあげられます．

　どのタイプにも特徴がありますが，これらの中でいちばん成功していると言われているのがLabVIEWです．個人的には，初めて触れたときのとっつきやすさという点では一番劣っているように思いますが，使い込んでいくとその奥深さとコンセプトの素晴らしさがだんだんわかってきます．

第3章

LabVIEWを使ってみよう

本章では，LabVIEWの特徴および評価版のインストール方法，基礎的な操作法などについて解説します．さらに，LabVIEWで扱うことのできるハードウェアなども紹介します．

▶ 本章の目次 ◀

3-1 インストールの前に
3-2 VIの定義
3-3 評価版のインストール
3-4 LabVIEWで扱えるハードウェア
3-5 LabVIEWのアドオン・ソフトウェア

3-1 インストールの前に

●LabVIEWの生い立ち

　LabVIEWの開発プロジェクトが始まったのが1983年4月といいますから，この手のツールとしてはもっとも早い部類に入ります．開発者（発明者）はナショナルインスツルメンツ（NI）社の創立メンバでもあるJeff Kodosky氏です．彼は，ある日，映画を見ていたときに，コンピュータ・プログラムも映画のようにビジュアル的に描いて実行できたなら……と思い立ち，開発することを決めたそうです（**図3-1**）．

　そして，LabVIEWは1986年にMacintosh用として発売されましたが，1990年のLabVIEW2ですでにコンパイラになっています．1992年にWindows用とUnix用が追加され，1993年のLabVIEW3.0から日本語版も発表されました．その後も順調に開発が進められ，2003年のLabVIEW7.0以降は毎年新バージョンが発表されていて，2009年以降はバージョン名が年号になっています．

● グラフィカル・プログラミング

　LabVIEWの最大の特徴は，グラフィカル・プログラミング環境であるということです．LabVIEWのプログラムを作るときにユーザが目にするパネルには，数値や文字列，表のほかに，スイッチやボタン，ダイヤル，グラフなどの絵（グラフィック）で表されている部品が並んでいます．この絵を並べて計測器のパネルに似せた画面や，プロセスの制御や動作を表示する画面など，オリジナルの画面を作ることができます．このユーザとプログラムがやり取りする（ユーザ・インターフェース）画面をフロントパネルと呼びます（**図3-2**）．

　計測器そっくりのフロントパネルを見れば，仮想計測器という言葉もすぐに理解できるのではないかと思います．LabVIEWはまさに仮想計測器を作成するためのツールなのです．

　このグラフィカル・ユーザ・インターフェースでは，以下のことが実行可能です．

- プログラムの操作
- ハードウェアの制御とデータ集録
- 集録データの解析
- 結果の表示

　これらの動作を決めるためのプログラミングもグラフィカルな方法で行います．ダイアグラムと呼ば

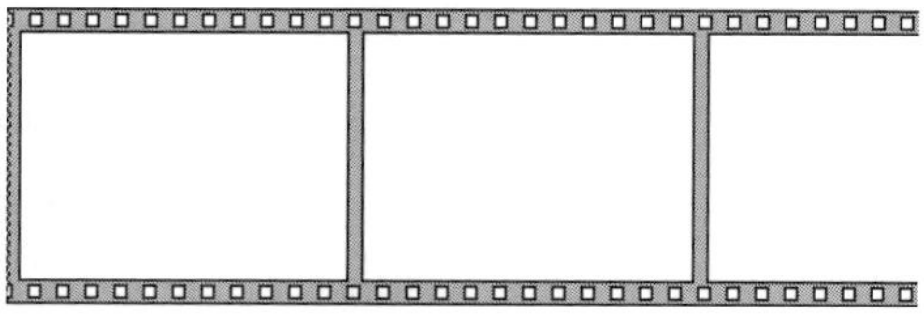

図3-1
LabVIEWのシーケンス構造は映画を参考にした

(a) 数値のみのパネル

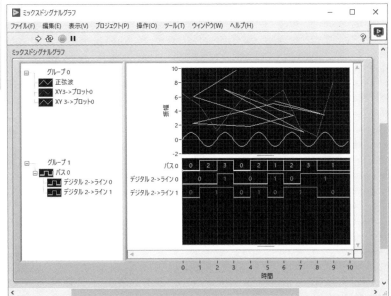

(b) ミクスド・シグナル・グラフ

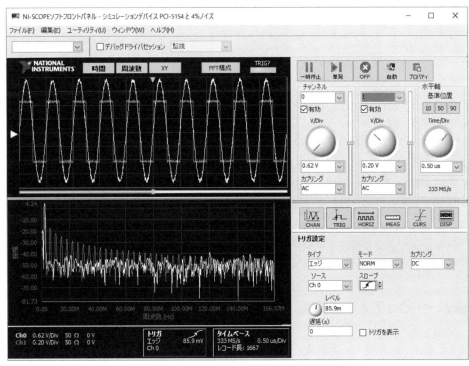

図3-2
LabVIEWのフロントパネル

(c) 計測器パネル

3-1 インストールの前に

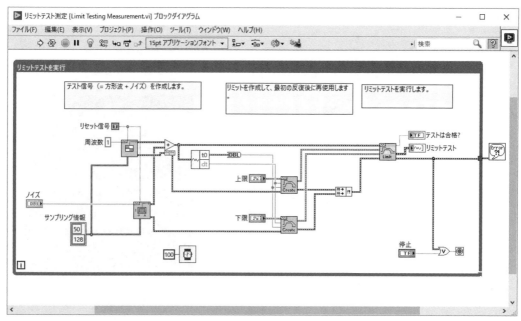

図3-3 LabVIEWのブロックダイアグラム

れる画面上で，フロントパネルの部品と1対1に対応するアイコンと，関数やサブVIのアイコンを並べ，データの流れを線でつないでいきます．電気回路図やフローチャート，ブロック図に似ています（図3-3）．

完成したプログラムは，独自のグラフィック・コンパイラで直接コンパイルして実行されます．生成されたコードはかなり高速で，場合によってはC言語で作成されたプログラムと同等かそれ以上の速度で実行されることもあります．どうやって絵をコンパイルするのか興味のある方は，「LabVIEW」「コンパイラ」「LLVM」あたりで検索してみてください．

部品の絵やブロック図は，科学者やエンジニアだけでなく，たいていの人にとってテキスト・ベースの言語よりも直感的で扱いやすく，短時間で覚えられるはずです．また，このブロック図の手法は仮想化がしやすく，構文がシンプルな割に対応できる幅が広いのが特徴です．さまざまな計測制御アプリケーションで必要な機能と柔軟性を維持しながら，今までのプログラミング言語を使用する場合に比べて短い時間でシステムを開発できます．

● ハードウェアとの接続性

汎用の言語を使った場合，ハードウェアとの接続段階でけっこう大きな労力が必要となることがあります．LabVIEWは，計測制御のためのハードウェアを利用するための機能が最初から組み込まれていて，簡単にそれらと接続することができます（図3-4）．計測ボードやGPIB（General Purpose Interface

（a）アナログ波形読み取りVI

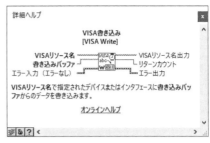
（b）VISA書き込みのヘルプ

図3-4　計測制御用のアイコン（関数）

Bus）をはじめ，あらゆる種類のI/Oに対応した幅広い機能を装備していますが，それについてはまた後で述べます．

● **オープン環境**

　LabVIEWは，ほとんどのアプリケーションに必要なツールを提供していますが，他社の製品をLabVIEWで使うしくみも公開し，PC業界やOSが提供する標準規格に準拠するようにしています．

　デバイス・ドライバやAPドライバを追加するのが簡単だということと，計測制御の世界では事実上デファクト・スタンダードになっているということもあって，多くのハードウェアやソフトウェアのメーカが何百ものAPドライバの開発を行い，自社の製品をLabVIEWで制御できるようにしています．特に，計測器別のAPドライバを「計測器ドライバ」と呼び，それらは各メーカやNI社のWebサイトから入手できるようになっています（**図3-5**）．

　LabVIEWには.NETやActiveX，DLL（Dynamic Link Library）などを取り込む機能が装備されています．また，LabVIEWではEXEファイルのほか，DLLやActiveXサーバを作ることもできるので，他の環境と機能を共有することができます．

　さらにTCP/IP，OPC，SQLデータベース接続，XMLデータ・フォーマットなどの業界標準もサポートしています．

　C言語などの汎用言語を除けば，これだけの相互運用性をもったツールは数少ないと思います．使えるソフトウェアやハードウェアの選択肢が広いということは，それだけ将来にわたって安心して使用することができ，計測/制御システムのコストも低く抑えることができます．

● **マルチプラットフォーム**

　最近のPCでは，OSとしてMicrosoft社のWindowsが多く使われていますが，アプリケーションによっては他のOSを使いたいこともあるでしょう．また，用途によっては組み込み型OSで動かしたいとか，リアルタイムOSで動作させたいといったこともあるかもしれません．

　LabVIEWは，エンベデッド（組み込み）型を含むWindows 7/8.1/10のほか，Mac OS，Linux用の製

図3-5　計測器ドライバ・ネットワーク

品が用意されています（日本語版はWindowsのみ）．また，アドオン・モジュールを追加して特定のリアルタイムOSで動作するようにコードをコンパイルすることもできます（詳細は後述）．

　それぞれのOSに依存する機能を使わない範囲では，ソース・コードに互換性があります．あるOS上のLabVIEWで作成したプログラムは，他のOS上のLabVIEWで開くだけで同じように動作させることができます．将来，新しいOSが出てきたとしても，LabVIEWで作ったプログラムを新OSへ移植することは容易にできると予測されます．

● 強力なネットワークおよび処理機能

　LabVIEWには，負荷の重い処理をネットワークに接続された他の高速なPC（違うOSでも可）に分散して行わせるサーバ機能があります．さらに，離れたところにあるPCのリモート監視や制御アプリケーションを作成することもできます．

よく使われる一般的なデータ解析や信号処理の機能は，そのほとんどを標準で持っています．もっと高度な解析が必要な場合は，専用のツール・キットを追加することになります（詳細は後述）．

● エディション

LabVIEWにはいくつかのエディション（版）があります．おもなものは，ベースパッケージ，開発システム，プロフェッショナル開発システムです．さらに，使用目的に適したいくつかのアドオンを同梱したスイート（セット）があります．それらの内容と価格，ライセンス方式は変更されることがあるので，NI社のWebサイトで調べるようにしてください．

ほかには学生向け（Student Edition），個人用途向け（Home Edition）などの特別版があり，数千円から購入できます．

会社などの組織でサイト・ライセンスを契約している場合もあります．特に学校はアカデミック割引などで優遇されているので，案外多くの学校が契約しています．あなたが学生ならば，ライセンスの有無を学校に聞いてみることをお勧めします．

3-2 VIの定義

● VIって何のこと？

LabVIEWは，まさに仮想計測器を作るためのツールですが，このLabVIEWで作ったプログラムをVI（ブイ・アイ）と呼んでいます．VIはVirtual Instruments（バーチャル・インスツルメンツ）の略だと思われます．出力されるファイルの拡張子も.viです．

バーチャル・インスツルメンツを訳すと，仮想計測器になることは前に述べましたので，計測器に似たフロントパネルを持ったプログラムならば，すぐにVIと名付けると思います．LabVIEWで作ったプログラムは，どのようなパネルであっても，さらに自作の関数やサブ・プログラムなど，どのような機能であってもVIと呼ばれます．

VIには，いくつか特徴があります．一つは，必ずフロントパネルを持っていて，単独で実行できるということです．VIは，フロントパネルとダイアグラムという1対1，表裏一体のウィンドウを持ち，どんなに簡単なVIでも片方だけを作ることはできません．

フロントパネルにある部品は，データの方向によって呼び方が変わります．ユーザが操作したり，上位のVI（後述）から受け取ったデータをダイアグラム（プログラム）に渡す役割が「制御器」．ダイアグラム（プログラム）の中にあるデータをユーザに見せたり，上位のVIに返す役割をするのが「表示器」です．グラフィック部品は，今まで見てきたもの以外にもたくさんの種類と外観のものがあり，それらはすべて制御器と表示器のどちらにでも設定できます．

図3-6は抵抗値を並列合成するVIです．「抵抗A」と「抵抗B」の制御器に抵抗値を入れて実行すると，「合成抵抗」という表示器に計算結果が表示されます．フロントパネルの「抵抗A」，「抵抗B」，「合成抵抗」

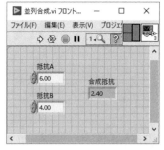

図3-6 抵抗値の並列合成をするVI　　（a）フロントパネル　　（b）ブロック・ダイアグラム

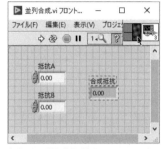
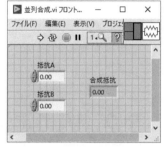
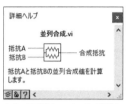

（a）表示器と制御器をアイコンの端子に割り当てる　　（b）アイコンの絵をデザインする　　（c）自動的にヘルプに登録される

図3-7　VIをサブVI（関数）として使うための手続き

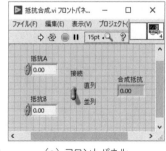
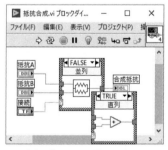

図3-8 抵抗合成VI　　（a）フロントパネル　　（b）ブロック・ダイアグラム

はダイアグラムの同じ名前の端子に対応しています．

　もうひとつの特徴は，ちょっとした手続きをするだけで，他の（上位の）VIから呼び出されて仕事をするサブ・プログラムや関数として働かせることができるということです．具体的には，入出力に必要な制御器と表示器をVIアイコンの端子に割り当ててから保存します．VIのアイコンも，わかりやすいようにデザインしておきます（**図3-7**）．

　今度は，先ほどの抵抗値を並列合成するVIを別のVIのダイアグラムに貼り付けて，抵抗合成VIを

作ってみました(図3-8).直列合成か並列合成かで使われるダイアグラムが選ばれます.並列合成VI側から見れば,抵抗合成VIは上位の(呼び出し側の)VIとなります.バーチャル・インスツルメンテーション上,並列合成VIは指示された値の抵抗器を並列に接続した抵抗器,という仮想モジュールとみなせます.プログラミング上は,関数と考えても結構です.

上位のVIから呼び出されるVIをサブVIと呼びます.サブVIは組み込みの関数と同じように扱われ,ヘルプもまったく同じように表示されます.呼び出されたときにフロントパネルを表示するようにもできるので,いくつかの画面を同時に表示したり,ダイアログ・ボックスのように特別な入力用画面を作ったりすることができます.

● VIの階層構造

計測器アプリケーションのようなトップレベルVIの中では,たくさんのサブVIが使われていて,サブVI中ではさらにいくつかのサブVIが呼び出されるといった階層構造で呼び出しが行われています.サブVIの中には,複数の上位VIから呼び出されるものもあります(図3-9).

サブVIは,すべて個々にフロントパネルを持っているので,簡単にパネルを開いて単独で動かした

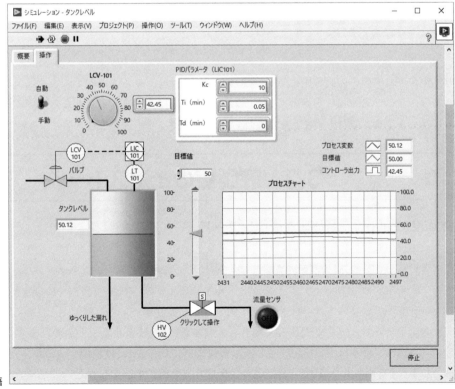

図3-9
LabVIEWは構造化言語である

(a)PID制御シミュレーション

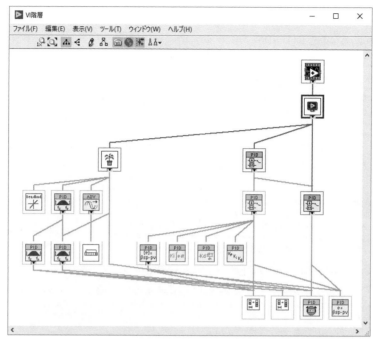

図3-9
LabVIEWは構造化言語である（つづき）

（b）サブVIの呼び出し階層

り，上位プログラムの動作中に値を確認しながらデバッグすることができます．他の言語のように，サブルーチンのテスト用に専用のプログラムを書く必要はありません．ちなみに，実行ファイルを作るときには，不要なフロントパネルを取り除いてファイル・サイズを小さくすることができます．

3-3　評価版のインストール

● Webサイトから評価版をダウンロード

それでは実際に，LabVIEWをインストールして使ってみることにしましょう．LabVIEWの評価版を本書付属DVD-ROMに収録しています．日本ナショナルインスツルメンツ（以降，日本NI）社のWebサイトからもダウンロードしてインストールすることができます．何らかの理由でWebサイトからダウンロードができない方は，日本NI社に問い合わせてサポートを受けてください．

インストールで不具合が発生した場合も，日本NI社の技術サポートが頼れます．インストーラは十分テストされているはずですが，もし不具合によってPCもしくは他のファイルに被害が出たとしても，筆者およびCQ出版社，日本NI社では責任を負えませんので，あらかじめご了承ください．大切なファイルは，バックアップを取っておいてください．

● 評価モードについて

インストールされるファイルは，製品版とまったく同じものです．ただし，シリアル・ナンバを購入してアクティブ化しないと評価モードで動作します．その場合の相違は以下のとおりです．

- インストールしてから7日間，ソフト・パッケージの全機能を使用することができます．
- ユーザ・プロファイル情報を入力することで，45日間に評価期間を延長できます．
- 上級関数(VI)のブロック・ダイアグラムにアクセスすることはできません．
- フロントパネルに試用版であることの電子透かしが入ります．
- アプリケーション・ビルダを利用できますが，ビルドしたアプリケーションのフロントパネルに電子透かしが入ります．
- アプリケーション・ビルダでは，「その他の除外項目」を使用することができません．

● インストール手順

以下の手順は，Webページの構成に依存します．もし，ページが変更されて画面が異なっていても「LabVIEWの評価版を入手する」手段は容易に見つかると思います．製品版のインストーラでもかまいません．わからない場合は，日本NI社に問い合わせてください．

(1) NI社のWebページにアクセスし，「製品」をクリックします(図3-10)．
(2) 「ソフトウェア」タブをクリックします(図3-11)．

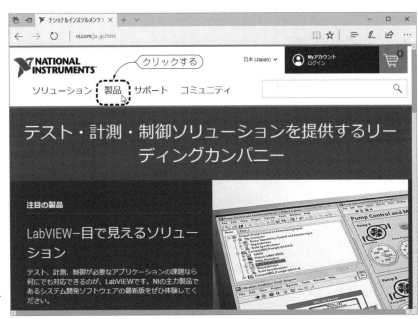

図3-10
日本ナショナルインスツルメンツ社のWebページ

3-3 評価版のインストール

図3-11
「ソフトウェア」タブをクリック

図3-12
LabVIEWの「評価版」をクリック

（3）LabVIEWの「評価版」をクリックします（図3-12）．
（4）ダウンロードページで「ダウンロード」ボタンをクリックします（図3-13，図3-14）．アプリケーションの選択肢がいくつかありますが，LabVIEWのインストーラはすべて同じで，あとから案内され

図3-13
「初めてのお客様」を選択

図3-14
「ダウンロード」ボタンをクリック

るサンプル・コードが違うだけです．興味のある分野を選べばよいでしょう．
(5) ユーザ・プロファイルを作成するためにいくつかの情報を入力してください．すでにプロファイルをお持ちであればそれを使ってログインできます(**図3-15**)．

図3-15
プロファイルを使ってログイン

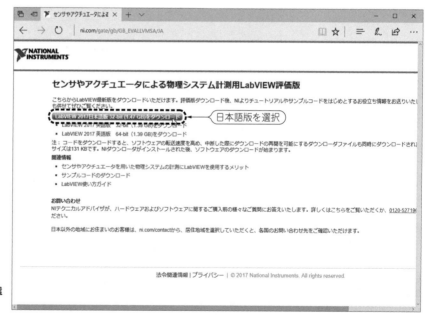

図3-16
「LabVIEW 日本語版32-bit」を選ぶ

（6）「LabVIEW 日本語版32-bit」を選びます（図3-16）．使用しているOSがWindowsの64ビット版の場合も，32-bitを選んでください．

（7）最初にダウンローダ・プログラムがダウンロードされるのでそれを実行してください（図3-17）．

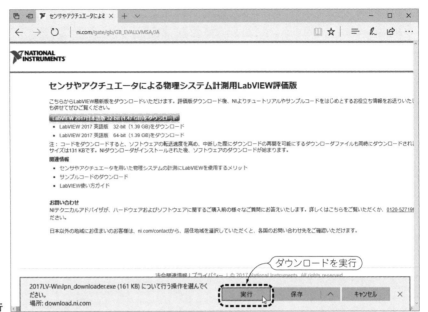

図3-17
ダウンローダ・プログラムを実行

図3-18
インストーラの保存先を選ぶ．
デスクトップでよい

(8) インストーラの保存先はデスクトップでよいでしょう(図3-18)．
(9) ダウンロードが始まります(図3-19)．
(10) 完了すると「開く」ボタンが有効になります(図3-20)．
(11) 自己解凍ファイルに関するメッセージでは「OK」して(図3-21)，「Unzip」ボタンをクリックします(図3-22)．しばらくして，successfullyのメッセージが出ればOKです(図3-23)．

別途インストーラを入手した場合はここから始めてください．

(1) LabVIEWのインストーラ画面で「次へ」ボタンをクリックします(図3-24)．

3-3 評価版のインストール　　77

図3-19
ダウンロード開始

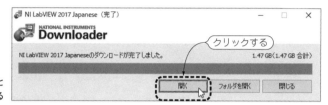

図3-20
ダウンロードが完了すると「開く」ボタンが有効になる

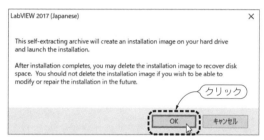

図3-21 自己解凍ファイルに関するメッセージ

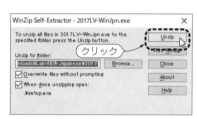

図3-22 「Unzip」ボタンをクリック

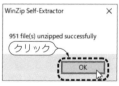

図3-23 successfullyメッセージが出ればOK

図3-24 インストーラ画面で「次へ」ボタンをクリック

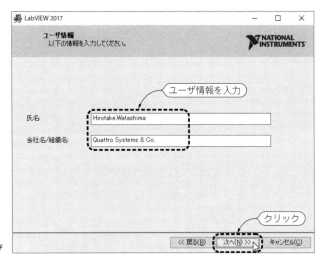

図3-25
ユーザ情報はLabVIEWのユーザ

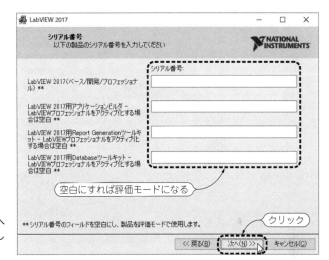

図3-26
シリアル番号はすべて空白のままで「次へ(N)>>」をクリックすれば評価モードとしてインストールする

(2) ユーザ情報はLabVIEWのユーザです．先に作ったプロファイルとは同じでも違っていてもかまいません（図3-25）．
(3) シリアル番号はすべて空白のままにすれば評価モードになります（図3-26）．
(4) 出力先ディレクトリはデフォルトのままにします（図3-27）．
(5) インストールする機能もデフォルトのままでかまいません（図3-28）．
(6) 製品の通知もデフォルトでかまいません．ファイアウォールからのメッセージはLabVIEWの初回起動時に出るかもしれませんが，そこでブロック解除することを覚えておいてください．また，マイクロソフトOfficeは入っていなくても実害はありません（図3-29）．製品の通知はたいていあり

3-3 評価版のインストール　79

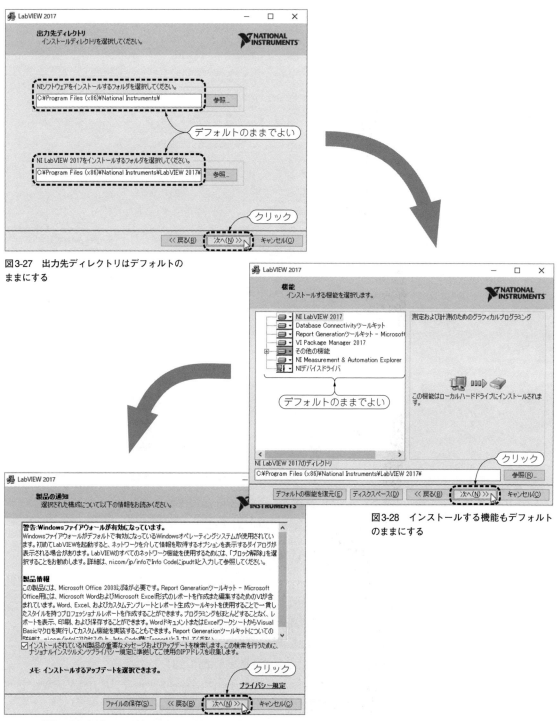

図3-27 出力先ディレクトリはデフォルトのままにする

図3-28 インストールする機能もデフォルトのままにする

図3-29 製品の通知もデフォルトでかまわない

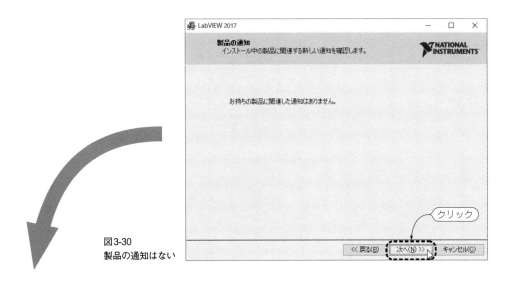

図3-30 製品の通知はない

(a) ナショナルインスツルメンツのライセンス契約

図3-31 ライセンス契約書に同意する

(b) マイクロソフトのライセンス契約

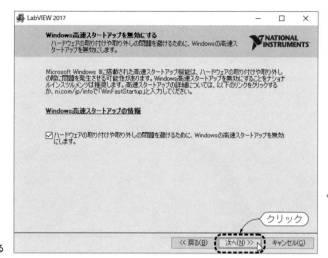

図3-32
高速スタートアップを無効にする

図3-33
デバイス・ドライバはそのまま「次へ」ボタンをクリック

ません(図3-30).
(7) ライセンス契約書には同意してください(図3-31).
(8) 高速スタートアップを無効にすると少し起動が遅くなりますが,シャットダウン中にデバイスを抜き差ししたときのトラブルを回避できます(図3-32).
(9) デバイス・ドライバは後でキャンセルするので,そのまま「次へ」ボタンをクリックしてかまいません(図3-33).
(10) インストールにはしばらく時間がかかります(図3-34).

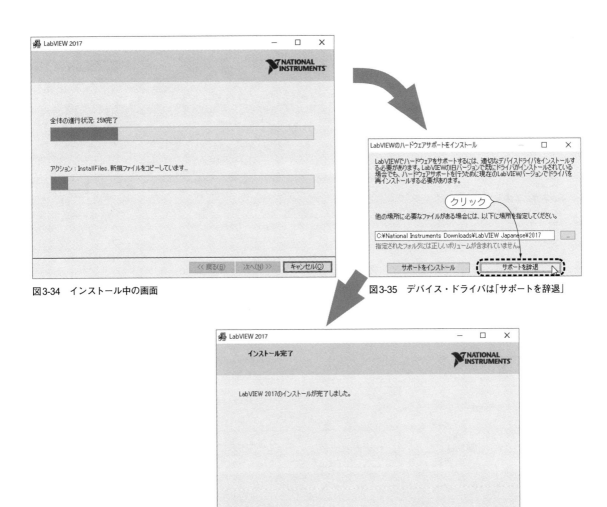

図3-34 インストール中の画面

図3-35 デバイス・ドライバは「サポートを辞退」

図3-36 インストールの完了

(11) デバイス・ドライバは「サポートを辞退」してください(図3-35)．後で，日本NI社のWebサイトからダウンロードしてインストールできます．
(12) インストール完了(図3-36)．
(13) カスタマエクスペリエンス向上プログラムへの参加は任意です(図3-37)．
(14) NI更新サービスの有効・無効も任意です(図3-38)．
(15) PCの再起動を行ってください(図3-39)．
　　PCが再起動したら，LabVIEWのインストールは完了です．

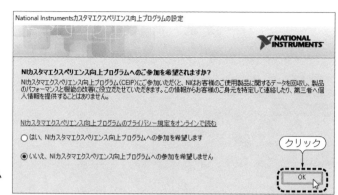

図3-37
カスタマエクスペリエンス向上プログラム
への参加は任意

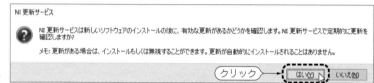

図3-38
NI更新サービスの有効・無効も任意

図3-39
PCを再起動する

● LabVIEWの起動

（1）スタート・メニューから「NI LabVIEW 2017」をクリックします（図3-40）．
（2）「評価」をクリックします（図3-41）．
（3）評価期間を延長しておきましょう（図3-42）．
（4）ユーザ・プロファイルに登録したメール・アドレスとパスワードを入力して「ログイン」します（図3-43）．
（5）成功したことを確認して「起動」をクリックします（図3-44）．

　インターネットに接続できないか，セキュリティの問題などで延長できない場合は日本NI社のサポートに連絡してください．

　初回はLabVIEW 2017のスタートアップとチュートリアル画面が出るので，時間のある方は「LabVIEWを使いこなす」をクリックして一通り読んでみるとよいでしょう（図3-45）．

　スタートアップ画面で「ドライバとアドオンを検索」をクリック（図3-46）してチュートリアルを開き

図3-40 スタート・メニューから「NI LabVIEW 2017」をクリックする

図3-41 「評価」をクリックする

3-3 評価版のインストール

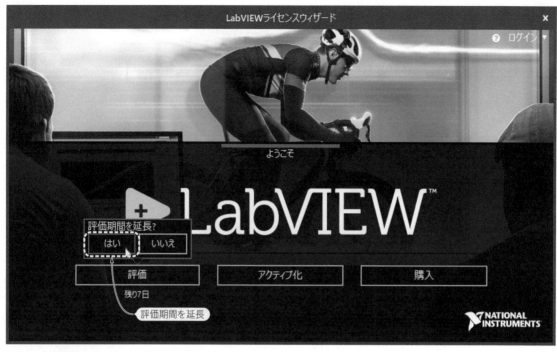

図3-42　評価期間を延長する

図3-43　メール・アドレスとパスワードを入力する

第3章　LabVIEWを使ってみよう

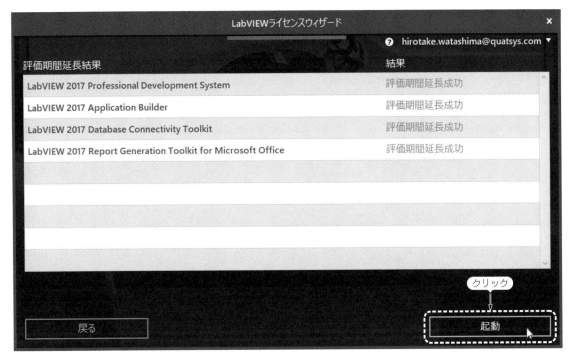

図3-44 「起動」をクリックする

図3-45 スタートアップとチュートリアル画面

3-3 評価版のインストール

図3-46
「ドライバとアドオンを検索」を
クリックする

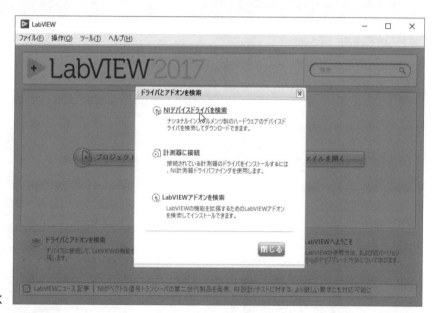

図3-47
チュートリアルを開く

(**図3-47**),「NIデバイスドライバを検索」をクリックすると,インターネットにつながっていればデバイスドライバなどをダウンロードできます(**図3-48**).NI社のDAQデバイスを持っていれば動かすことができますが,本書では扱いません.

図3-48
デバイス・ドライバなどをダウンロードできる

図3-49
「サンプルを検索…」を選択する

● サンプルVIの動かし方

　スタートアップ画面で「ヘルプ」メニューから「サンプルを検索…」を選びます（図3-49）．
　NIサンプルファインダで，「Express VI - スペクトル計測」をダブル・クリックします（図3-50）．

3-3　評価版のインストール　　89

図3-50
「Express VI - スペクトル計測」をダブル・クリックする

(a) 制御器パレット

(b) パレット押しピン

図3-51 制御器パレットとパレット押しピン

初めてVIをロードしたときは，制御器パレットが表示されていると思います．これは右上の×ボタンで閉じてかまいません．必要なときはフロントパネルの何もないところで右クリックすれば現れます．出したままにしたいときは，左上の押しピンの絵をクリックしてください（図3-51）．「表示」メニューの「制御器パレット」でもできます．

　スペクトル計測の画面が見えると思います．バックがグレーのウィンドウに「停止」と書かれたボタンとスライド・ボリュームのようなもの，そしてグラフが2つ見えると思います．これが「フロントパネル」です．このフロントパネルを使ってユーザがプログラムとやりとりします（ユーザ・インターフェース）．

　このVIは，周波数解析のシミュレーションをします．左のスライド・ノブで決められた周波数の信号を内部で作り，時間波形を左の「入力」グラフに，それをFFT演算して周波数解析した結果を右の「結果」グラフに表示します．そして「停止」ボタンで止まります．すなわち，スライド・ボリュームと停止ボタンはプログラムに値を渡す「制御器」で，入力と結果の2つのグラフはプログラムの中の値を表示する「表示器」です（図3-52）．では，さっそく動かしてみましょう．

　パネルの左上にある実行ボタンをクリックします（図3-53）．すると，VIが実行された状態になります（図3-54）．

　「周波数」と書かれたスライド制御器のノブをマウスで動かしてみましょう（図3-55）．時間波形の細

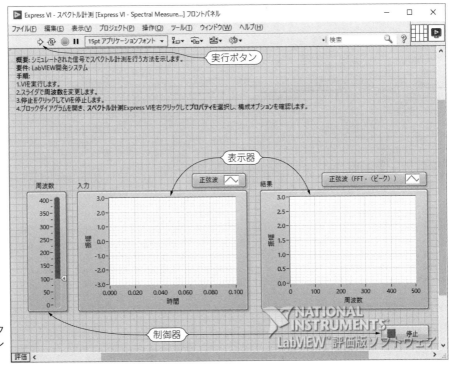

図3-52
Express VI-スペクトル計測のフロントパネル

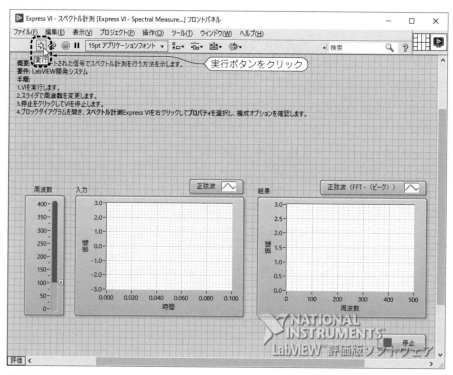

図3-53
実行ボタンをクリックする

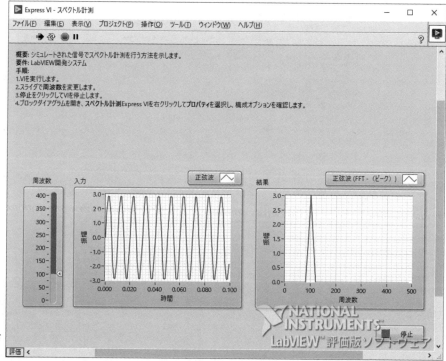

図3-54
スペクトル計測のVIが実行されたところ

92　第3章　LabVIEWを使ってみよう

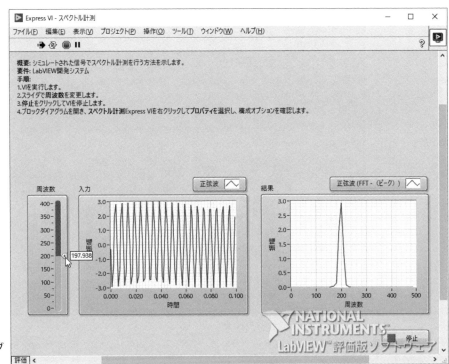

図3-55
スライド制御器のノブ
をマウスで動かす

かさ（周波数）が変化し，それに連動して右にある周波数グラフのピークの位置が動いていくのがわかると思います．

「停止」ボタンをクリックしてVIを停止します（図3-56）．もし，停止ボタンがないVIや，何らかの原因でプログラムが止まらなくなってしまったときは，実行ボタンの右側に中断するボタンがあるので憶えておいてください．ただし，停止のためのボタンがパネルにあるVIでは，なるべく「中断」ボタンを使わないでください．特に，ハードウェアを操作している最中に中断すると，おかしなデータを出したまま終わってしまうなど予期しない状態になることがあるので注意が必要です．

他のサンプルも同じように，サンプル・ファインダから選んで実行してみてください．何をやっているのかわからないものもあるでしょうが，とりあえずたくさんのサンプルVIを動かしてみることをお勧めします．サンプルVIの中には計測ハードウェアが必須なためエラー・メッセージが出て動作しないVIもありますが，それが原因でPCが壊れることはありません．

LabVIEWの良いところは，こういったサンプルがたくさんあることです．このほかにも，インターネット上を探すともっと多くのサンプルを見つけることができます．また，自分で作ったVIを投稿して世界中のみんなに使ってもらうこともできます．

3-3 評価版のインストール　　93

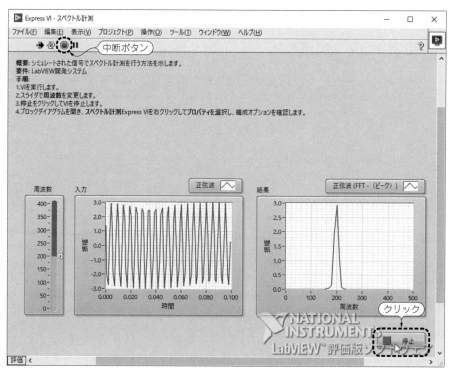

図3-56
VIを停止させる場合は「停止」をクリックする

● プログラムの動きを追う

このサンプルVIがどうやって作られて，どうやって動いているのかを見てみましょう．先ほどと同じ「Express VI - スペクトル計測」のフロントパネルにあるメニュー・バーから，「ウィンドウ」をクリックし，「ブロックダイアグラムを表示」を選びます（図3-57）．

バックが白のウィンドウにいくつかのアイコンが置かれ，その間が線で結ばれています．このウィンドウが「ダイアグラム」で，これがプログラムそのものです（図3-58）．関数パレット（図3-59）が表示されていたら，閉じてください．これも制御器パレットと同じように，ダイアグラムの何もない場所で右クリックすれば出すことができます．

このうち，真四角でスライド・ボリュームやグラフの絵が描いてあるアイコンは，フロントパネルにあるスライド制御器やグラフ表示器と1対1に対応しています．フロントパネルの制御器か表示器またはダイアグラムのアイコンのどちらかをダブル・クリックすると，どれに対応しているのかがわかります（図3-60）．水色の大きめのアイコンは，まだダブル・クリックしないでください．もし開いてしまったら，キャンセル・ボタンで閉じておきます．薄い黄色の四角に書かれている文章はコメントです．

ここでちょっとアイコンの位置を動かします．「入力」と書かれているグラフ表示器のアイコンをドラッグしてみます．線（ワイヤ）が離れず付いてきます．この操作は，見た目が変わるだけでプログラム

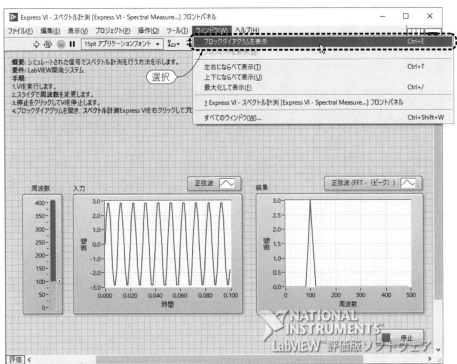

図3-57
「ブロックダイアグラムを表示」を選ぶ

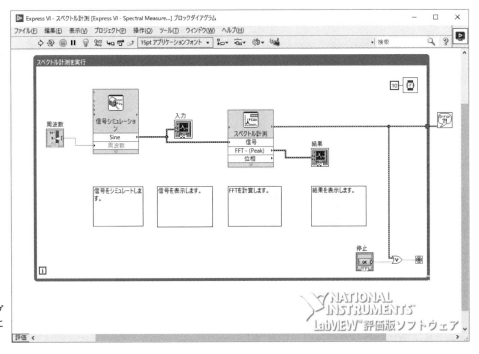

図3-58
「ダイアグラム」がプログラムそのものになっている例

3-3 評価版のインストール 95

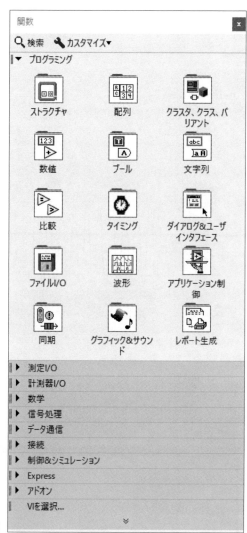

図3-59
関数パレットを閉じる

の動作には影響を与えません(**図3-61**).

ダイアグラムウィンドウで「実行のハイライト」ボタンをクリックしてみてください(**図3-62**).そして,電球が黄色になっていることを確認して,実行ボタンをクリックします.実行ボタンは,フロントパネルのほうでもかまいません.

実行ボタンをクリックすると,ダイアグラム上でどの制御器からどんな値が出て,どう流れていくのかがバブル(泡)で示されます.大きな緑色の矢印が出るのは,このアイコンの中で何か処理をしている最中であることを示します(**図3-63**).

スライド制御器の値が「周波数」から出て,それが「信号シミュレーション」という青いアイコンの「周

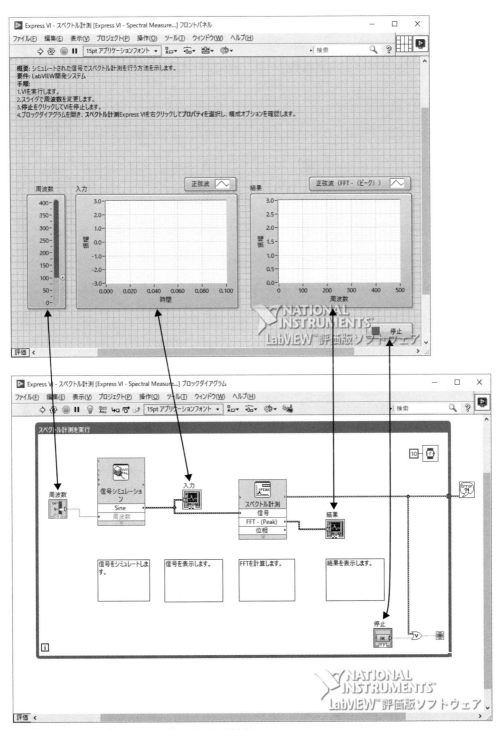

図3-60 フロントパネルとブロックダイアグラムの対応例

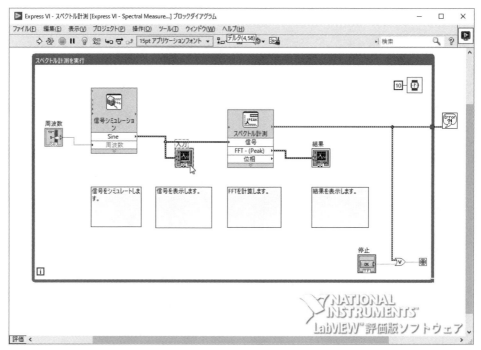

図3-61　グラフ表示器のアイコンをドラッグする

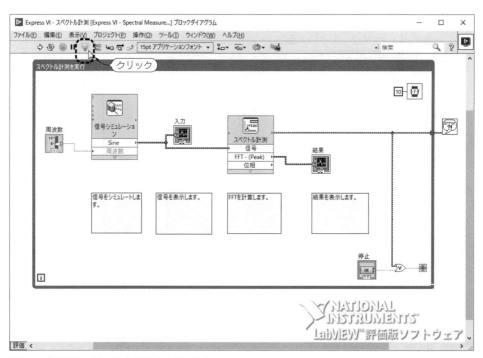

図3-62　「実行のハイライト」ボタンをクリックする

98　　第3章　LabVIEWを使ってみよう

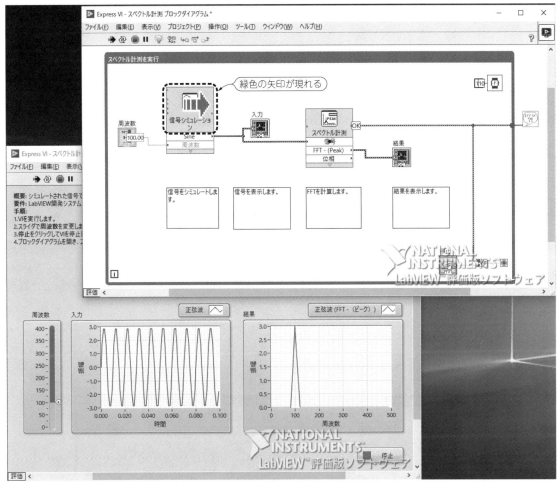

図3-63　データの処理中を示す大きな緑色の矢印

波数」という端子に入ります．その中では入力された周波数に応じたサイン波信号を模擬的に作り，「Sine」端子から出力します．

　サイン波信号は，「入力」グラフで表示されるとともに分岐して，「スペクトル計測」アイコンの「信号」端子に渡されます．この中ではFFT演算を行ってPeakと位相を算出しますが，今回はそのうち「FFT - Peak」だけを「結果」グラフに表示します．

　フロントパネルのスライド・ノブを動かすと，ダイアグラムでもそれに応じた値が表示されます．「停止」ボタンのアイコンからは「F」という値が出ていると思いますが，これは「False（＝偽）」の略です．

　繰り返し同じ処理が行われているのは，これらのアイコンがグレーの枠の中に入っているからです．この枠はWhileループと呼ばれ，条件が成立している間は作業を繰り返す制御構造です．

3-3　評価版のインストール　　99

ここで，フロントパネルの「停止」ボタンをクリックすると，ダイアグラムの「停止」アイコンからは「T」(True＝真)の値が出ます．それを受けた「OR」演算子からも「T」が出て赤丸の端子に渡されます．すると次の回でループが終了し，プログラムが停止します．つまり，この赤丸の端子がTrueになったらWhileループを抜けるという条件だったのです．

　「OR」演算子には，「スペクトル計測」アイコンから黄色いはしご状のワイヤもつながっています．このワイヤにはエラー情報が乗っていて，「OR」演算子にはエラーの有無が引き渡されます．つまり，「停止」ボタンの「T」または，エラーのどちらかが起こったらWhileループが終了する構造になっています．

　腕時計のような絵のアイコンは「待機[ms]」という関数で，コードの実行に待ち時間を挿入します．ここでは，Whileループが回る時間を調節するために使っています．これがないとWhileループはCPUの能力を最大限に使って高速に実行しようとしてしまいます．全体を説明したのが図3-64です．

　この動きを見ていて気がつくのは，ワイヤはデータを受け渡す役割を持ち，プログラムの実行順序がデータの流れに沿っているということです．アイコン一つ一つは何らかの仕事をするのですが，アイコンの置かれている位置とは無関係に，データが渡された時点で初めて実行され，実行が終わると結果データを出力します．いくつかの箇所から複数のデータをもらう場合は，すべてのデータが揃った時点

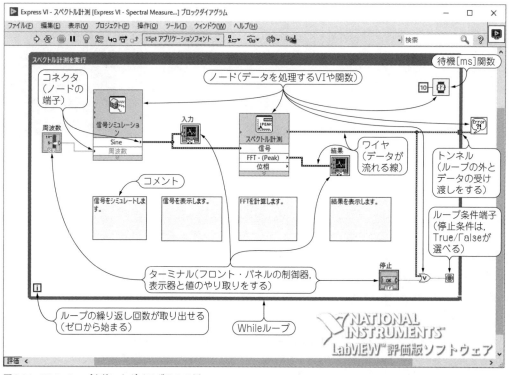

図3-64　Whileループを使ったダイアグラムの例

で実行されます.逆に,互いにデータの受け渡しがないアイコン同士は,並列に実行されます.これがデータ・フロー・プログラミングと呼ばれるLabVIEW最大の特徴です.

これに対し,CやBASICなどのテキスト・ベースの言語は,命令文を書いた順番で実行されます.これを一般には手続き型と呼び,区別されます.

● マウス・カーソルについて

LabVIEWの操作をしている最中に,マウス・カーソルの形が頻繁に変わることに気がついたでしょうか.これは,ユーザが次にしようとしていることをLabVIEWが予測して,エディット(編集)ツールの選択を自動的にしているからです.値を変えようとするときは人差し指のカーソル,部品を選択したり位置を動かそうとしたり,大きさを変えようとしたりするときは矢印のカーソルです.両方の可能性があるときは,マウスの微妙な位置によってどちらかに変わりますが,基本的にマウスが部品の四隅やふちにあるときは矢印カーソルになります.

エディット・ツールはこのほかに文字を入力する,配線をする,パレットから部品を取り出す,画面をスクロールする,ブレーク・ポイントをセット/リセットする,プローブをつける/外す,色を吸い上げる,色を変える,などがあります.これらはこのあとの実習のなかで,そのつど説明していきます.

● VIを変更してみる

ダイアグラム上の「信号シミュレーション」と書かれた水色のアイコンをダブル・クリックします(図3-65).すると,生成する信号を設定するウィンドウが開きます(図3-66).このウィンドウでは,波形の設定を細かく行うことができます.

試しに「信号タイプ」をクリックして出てくる候補から「方形波」をクリックします(図3-67).すると「信号プレビュー」グラフに方形波が表示されます.このように,設定を変更した結果は,即座にプレビューできます.OKボタンをクリックして,ウィンドウを閉じます(図3-68).これで,信号シミュレーション・アイコンの出力端子が「方形波」になったと思います(図3-69).さらに,フロントパネルのグラフ上の凡例も「方形波」に変わっています.

「実行のハイライト」をOFFにしてから,フロントパネルの実行ボタンをクリックします(図3-70).

スライド制御器のノブを動かすと,今度は周波数グラフの数箇所にピークが立っているのが確認できます.このように,基本周波数の奇数倍の周波数に成分が現れるのが方形波の特徴です(図3-71).停止ボタンをクリックしてVIを止めます(図3-72).

今度は,ダイアグラムの「スペクトル計測」アイコンをダブル・クリックしてみましょう(図3-73).すると,スペクトル計測の設定をするウィンドウが出ます(図3-74).

ここでもいろいろなことができます.試しに「ウィンドウ」というところをいくつか変えてOKボタンをクリックし,VIを動かしてみてください(図3-75).ウィンドウの設定で周波数グラフの形が変わるのがわかると思います.

VIを閉じるときは,停止した状態にしてからフロントパネルのウィンドウを閉じます(図3-76).そ

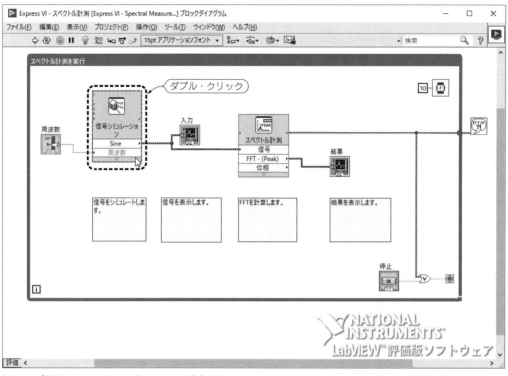

図3-65 「信号シミュレーション」アイコンをダブル・クリックする

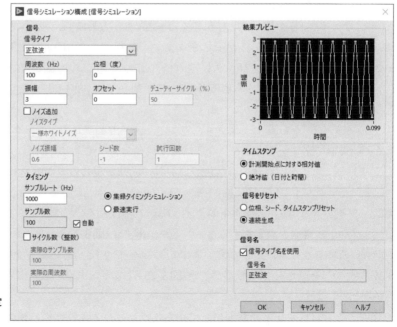

図3-66
生成する波形信号の設定
ウィンドウ

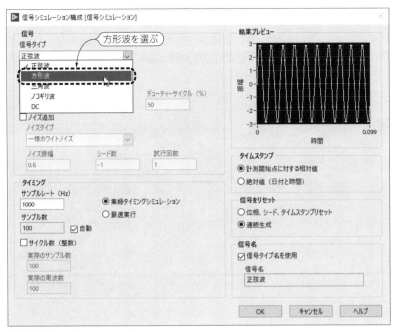

図3-67　「方形波」をクリックする

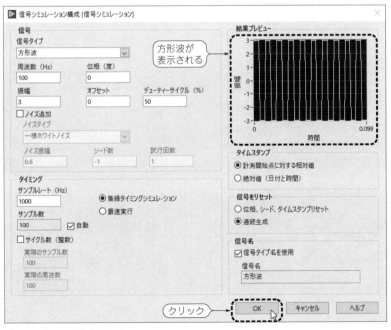

図3-68　ウィンドウを閉じる

3-3　評価版のインストール　　103

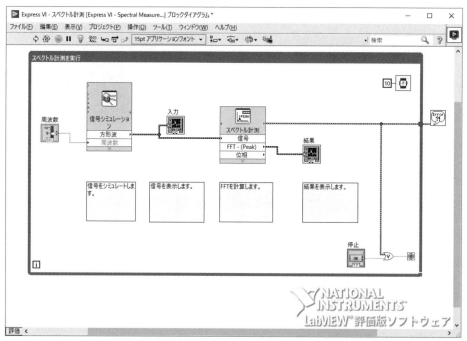

図3-69 信号シミュレーションの出力端子が「方形波」になる

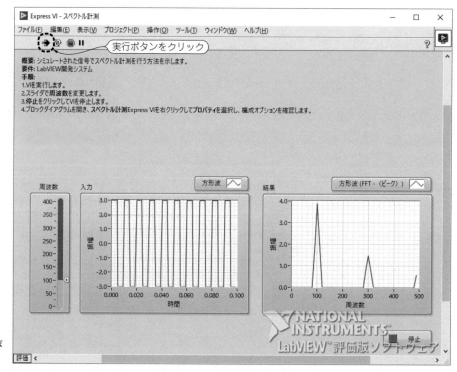

図3-70
フロントパネルの実行ボタンをクリックする

104 第3章 LabVIEWを使ってみよう

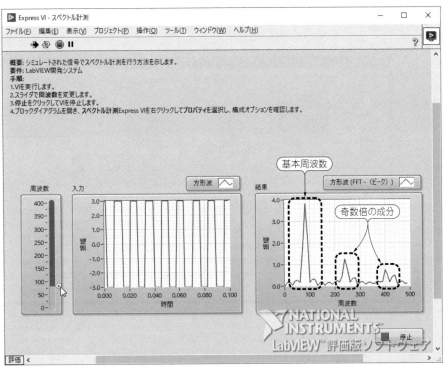

図3-71
基本周波数の奇数倍の周波数に成分が現れる

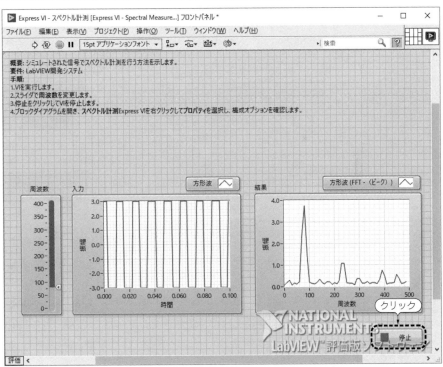

図3-72
停止ボタンをクリックしてVIを止める

3-3 評価版のインストール 105

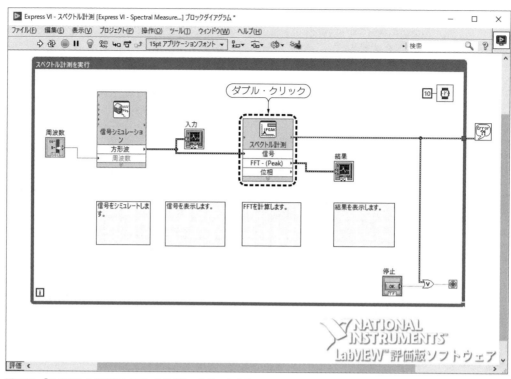

図3-73 「スペクトル計測」アイコンをダブル・クリックする

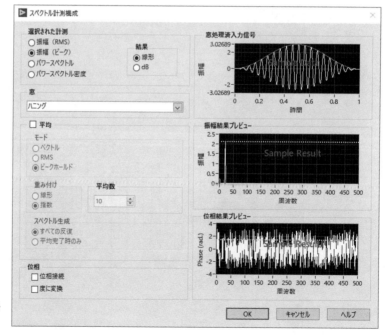

図3-74
スペクトル計測の設定を
するウィンドウ

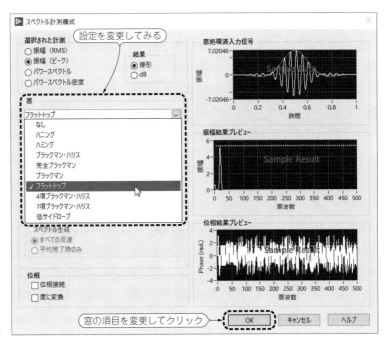

図3-75
「窓」の設定を変えてみる

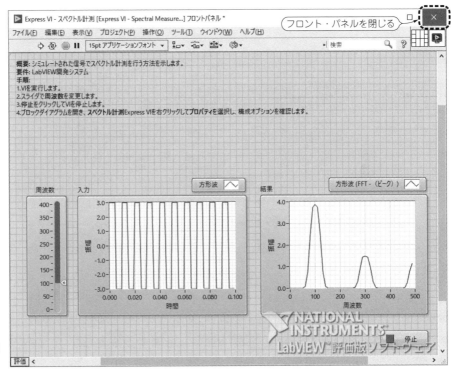

図3-76
VIを終了させるにはフロントパネルを閉じる

3-3 評価版のインストール

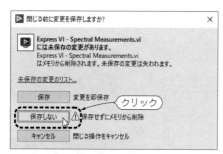

図3-77 変更するとどうなるかを体験してみただけなのでVIの変更は「保存しない」

図3-78
どうしても保存しておきたい場合は，名前を変えて保存するとよい

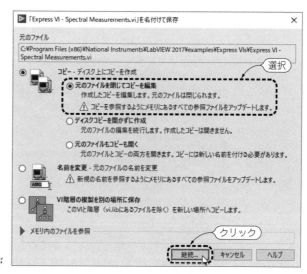

図3-79
「元のファイルを閉じてコピーを編集」を選ぶ

のときVIが変更されていれば，設定を保存するかどうかと聞いてくるので，「保存しない」にしてください（**図3-77**）．そうしないと，サンプルVIが書き換わってしまいます．どうしても保存したい場合は，名前を変えて保存することをお勧めします．これは，「キャンセル」ボタンをクリックしてフロントパネルに戻り，「ファイル」メニューから「別名で保存…」を選んで（**図3-78**），サンプルやLabVIEWのインストール先でない場所に名前を変えて保存しておくとよいでしょう．そのときのオプションは「元のファ

イルを閉じてコピーを編集」を選んでください（図3-79）．

「信号シミュレーション」と「スペクトル計測」という水色のアイコンは，ダブル・クリックするとウィンドウが開き，対話形式で設定が変えられるVIです．これはExpress VIという特殊なVIです．関数という点でサブVIと同じですが，サブVIはダブル・クリックするとフロントパネルが開くのに対し，Express VIは構成ダイアログが開きます．いろいろな機能のExpress VIが用意されていて，処理方法の試行錯誤やプログミングなど基本的なプログラミングのほとんどがこれで行えます．もちろん，基本関数を並べてプログラミングをしても同じことができるので，用途または自分のレベルに応じて選ぶと良いでしょう．

フロントパネルの制御器，表示器と値を受け渡すためのアイコンを「ターミナル」と呼び，データを処理する関数やサブVIと区別します．また関数，サブVIを総称して「ノード」と呼ぶこともあります．以上のことを踏まえて図3-64をもう一度見て確認してみましょう．

3-4　LabVIEWで扱えるハードウェア

　PCに接続してLabVIEWで使うことのできるNI社以外が発売している計測用のハードウェアを紹介します．ただし，スタンドアロン計測器は外しました．

　LabVIEWの開発元であるNI社が発売しているハードウェアは，完全にLabVIEWと統合できるように設計されているので安心して使うことができます．それらについては，Webページで調べてください．

　他のメーカから発売されている拡張ハードウェアがLabVIEWで使えるかどうかは，デバイス・ドライバがLabVIEWに対応しているかどうかで決まります．ハードウェアの機能を完全に使えるようなAPドライバVI（ライブラリ）やサンプルVIが添付されており，インストーラがLabVIEWの関数パレットにVIを登録してくれれば完璧です．

　LabVIEWで使える拡張ハードウェアは，たくさんのメーカから数多く発売されているので，そのすべては紹介できません．LabVIEWで使ってみたい拡張ハードウェアがあったら，直接そのメーカにLabVIEWからアクセスするためのドライバやVIが用意されているかどうか問い合わせてみるとよいでしょう．

● VISA（仮想計測器ソフトウェア・アーキテクチャ）

　これはハードウェアではありませんが，話の都合上，先に説明しておきます．VISAといってもクレジット・カードではなくVirtual Instrument Software Architecture（仮想計測器ソフトウェア・アーキテクチャ）の略で，計測のためのハードウェアを仮想化し共通の方法でアクセス（呼び出し）できるようにしたしくみです．ハードウェアを制御するとき，特定の文法に従った識別子を与えるだけで，VXI，GPIB，シリアル，TCP/IP，USBなどを同じVISA関数で扱うことができます（図3-80）．「VISAリソース名」コネクタに識別子を接続します．

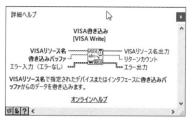

（a）VISA関数の例（デバイスを指定できる）

（b）VISA関数のヘルプ

図3-80　VISA（Virtual Instrument Software Architecture）関数

LabVIEWには，VISA関数が初めから組み込まれています．以下に説明するハードウェアの中には，VISA関数を使ってアクセスできるものがいくつかあります．

● PCに標準装備のインターフェース（図3-81）
▶ シリアル（COM）

デバイス・マネージャでポート（COM）と表示されているものです（図3-82）．7ビットや8ビット幅のディジタル・データを1ビットずつ縦に並べて通信するので，シリアル・ポートと呼ばれます（通称RS-232C）．機器同士が1対1の接続で通信が行われます．通信速度は速くありません（毎秒数10～数キロバイト）が，安価なので広く普及しています．VISA関数を使ってアクセスし，PC同士や他の制御機器との通信，スタンドアロン計測器の制御に利用できます．

工業用PC以外では装備されなくなりましたが，USBからの変換アダプタや拡張カードで増設できます．デスクトップPCの場合，リアパネルにコネクタがなくてもマザーボード上のピンヘッダから引き出せる場合もあるので調べてみてください．BIOSにシリアル・ポートの設定項目があり，デバイス・マネージャに表示されていれば使えるはずです．

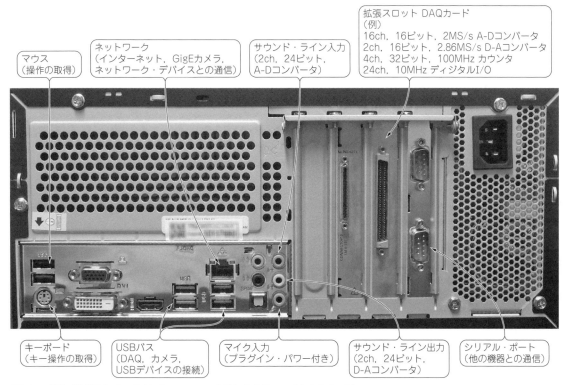

図3-81　標準で装備されているインターフェースの例（PCのリア・パネルのポート）

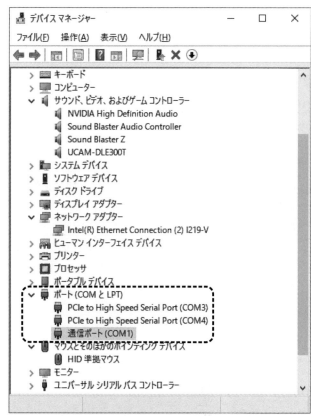

図3-82
PCのデバイス・マネージャ

▶ USB

　ユニバーサル・シリアル・バスです．シリアル通信方式である点はCOMポートと似ていますが，高速な通信速度（毎秒約150Kバイト～2Gバイト）をベースに細かな仕様が決められており，周辺機器を拡張するためのバスと考えたほうがよいでしょう．デバイス・マネージャでは周辺機器の一つとして表示され，USB接続であることは隠されています．LabVIEWからは，標準的な機器ならそのまま使え，特殊な機器の場合でもデバイス・ドライバが対応していれば使うことができます．
　スタンドアロン計測器で，USBポートで制御を受け付けるタイプの多くはUSBTMC（USB Test & Measurement Class）というプロトコルに対応しています．これらはVISA関数を使ってGPIB機器と同じように制御できます．ほかには，USBで接続するとシリアル・ポートとして認識される（仮想COM）タイプはVISA関数を使って通常のシリアル通信と同じ手順でアクセスできます．

▶ ネットワーク

　デバイス・マネージャでネットワーク・アダプタとして表示されているものです．他の制御機器やPC同士の通信に使えるほか，スタンドアロン計測器の中にもイーサネット・ポートでリモート・コントロールできるものがあります．その場合，VISA関数または専用VIでTCPやUDPプロトコルを使い，

IPアドレスとポート番号を指定してデータを送受信します．また，組み込み型や分散型の機器は，ネットワークで接続して専用のVIでアクセスします．

▶ サウンド

デバイス・マネージャでは，サウンド・コントローラやオーディオ・デバイスとして表示されています．機能としては，サンプリング・レート44100～192000Hz，16～24ビット分解能，2チャネルのA-DコンバータおよびD-Aコンバータと同じです．信号レベルと周波数特性などに気をつければ計測にも応用できます．LabVIEWには，PCのサウンド機能を使った専用の入出力VIと，WindowsのWAVEファイルの読み書きをするVIが標準で含まれています．

▶ その他

ジョイスティック，キーボード，マウスをデバイスに見立てて情報やデータを取得できます．イベントをモニタするだけで横取りするわけではないので，他のアプリケーションをそのまま操作できます．

● 拡張インターフェース

▶ GPIB（図3-83）

スタンドアロン計測器の標準的なインターフェースです．ヒューレット・パッカード社が開発した経緯からHP-IBと呼ばれたり，標準規格名のIEEE 488とも呼ばれます．8ビットのパラレル・インターフェースで，ハンドシェイクや計測にとって都合のよい制御ラインが何本かあります．比較的高速（毎秒300Kバイト～1Mバイト，特殊プロトコルで8Mバイト）で，15台までの機器を同じバス上に接続できます．

NI社のGPIBカード（アダプタ）は，PCと接続するために，いろいろなバスやインターフェースが用意されていますが，デバイス・ドライバがそれらの違いをすべて吸収してくれるので，LabVIEWからはVISA関数または専用のVIを使ってアクセスすることができます．

新しい計測器ではUSBやイーサネットが標準となり，GPIBが付くことは少なくなりましたが，古い計測器でもドライバさえあれば使うことができます．

図3-83
GPIBボードの外観

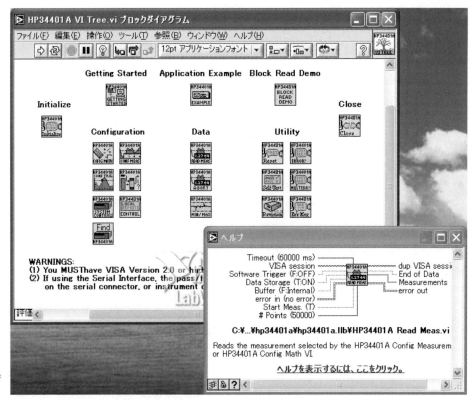

図3-84
HP34401A用計測器
ドライバ

　計測器ごとのコマンド文法の違いを意識せずに使うために，計測器ドライバと呼ばれるAPドライバVIが多く作られてきました(**図3-84**)．計測器メーカのWebサイトやNI社の計測器ドライバ・ネットワーク・サイトから，それらの計測器ドライバを無償でダウンロードすることができます．LabVIEWには，計測器ドライバ・ネットワークへアクセスしてドライバを探し，ダウンロードとLabVIEWへのインストールをするツールが組み込まれています．

▶ RS-422およびRS-485

　RS-232を拡張したシリアル・インターフェースで，差動伝送によって長距離(1.2kmまで)の使用に対応しています．また，複数の機器を接続(RS-422で1対10，RS-485で32対32)できることも特徴です．このRS-422とRS-485はシリアル・ポートとして登録され，LabVIEWからはVISA関数を使ってアクセスします．

▶ 工業用インターフェース

　CANopenは，おもに車載用のネットワーク・システムです．一種のシリアル・バスですが，高度な通信プロトコルを採用しています．DeviceNetやFOUNDATIONフィールド・バス，PROFIBUSといっ

図3-85
DAQカード（PXI）の外観

た工業用ネットワーク用のインターフェースもプロトコルを実現するためにボード上にCPUを搭載しています．LabVIEWからは，デバイス・ドライバが提供するAPドライバVIを使います．

▶ DAQ（Data AcQuisition）（図3-85）

DAQは，PCの拡張ハードウェアとして装着する計測ボードやアダプタの総称です．PCI/PCI Express，PXI/PXI Express，USB，イーサネット，Wi-Fiなどのインターフェースで接続するものが用意されていて，アナログ入出力，ディジタル入出力，カウンタやタイマなどの機能を拡張できます．汎用的なものから用途に特化したものまで，幅広い製品があります．

多くのメーカが，それぞれ魅力的な製品を発売しています．LabVIEWを正式にサポートしているメーカでは，APドライバVIやサンプルVIを用意してくれていて，サポート・ソフトをインストールすると，それらがコピーされます．

NI社ではNI-DAQmxというドライバ・ソフトが，すべてのDAQ製品をサポートしています．もちろん，LabVIEWとの親和性は完璧で，目的に沿った使い方がすぐに始められる手早さと，個々のDAQデバイスが持つすべての機能を使い切ることができる緻密さを両立しているのには感心させられます（図3-86）．

▶ 信号調節器

信号調節器は，DAQハードウェアに入る前や出た後の信号を対象に合わせて変換する装置の総称です．入力センサなどの種類に応じて，また信号レベルや絶縁の有無などによって，たくさんの信号調節器が発売されています．それらのほとんどはLabVIEWから直接制御できませんが，装置としてGPIBやシリアル・インターフェース，またはディジタル入出力などでリモート・コントロールできるものもあります．

NI社では，DAQデバイス自体に信号調節機能を含んだ製品が多くあります．NI-DAQmxによって統合管理されるので，LabVIEWからはハードウェアを特に意識することなく物理量としてデータを取得することができます．

3-4　LabVIEWで扱えるハードウェア

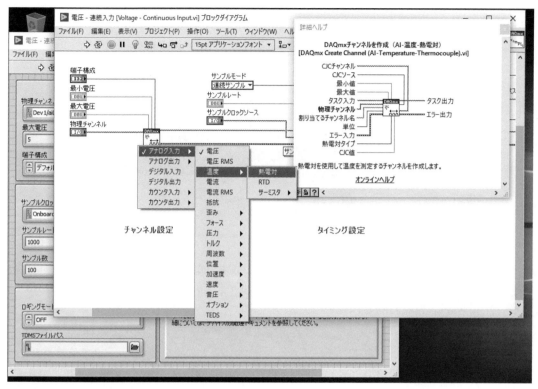

図3-86 DAQ製品をサポートするNI-DAQmxTaskの画面

● PXI

PXIは，p.38のコラムでも説明しているとおり，仮想計測器の柔軟性と相互運用性に加え，専用計測器の性能を狙ったプラットフォームです．PXIコントローラ（PC）をシャーシのスロットに入れる場合と，汎用PCをコントローラにしてThunderboltまたはMXIインターフェースで接続し，PXIシャーシを拡張スロットのように使用する場合があります．どちらも計測モジュールは拡張カードと同じように認識されるので，LabVIEWから使うための条件も同じです．

● スイッチ

何百ものテスト・ポイントがある場合，それらの信号に対して同じ数だけの入力チャネルを用意していたのではコストがかかりすぎるので，スイッチを使って切り換えながら計測を行うのが一般的です（**図3-87**）．この用途で使われるスイッチは信号調節器とは違い，いかに信号を変化（劣化）させずに切り換えられるかがポイントとなります．単純なON/OFFのほか，N対Nのマトリクス，N対1のマルチプレクサなどがあり，対応する周波数帯域はDCから数10GHzまでさまざまな製品が発売されています．
LabVIEWからはGPIBやシリアル・ポート経由で制御するほか，専用のインターフェースとドライ

図3-87
スイッチ・カードの外観

バが提供するVIを使ってアクセスする方法があります．NI社では，後者のタイプの製品をPXIモジュールとして発売していて，DAQのサンプリング・クロックと同期した切り替えなどができます．

● カメラ

　PCカメラやWebカメラは，USBやイーサネットで接続できます．工業用カメラの規格としてはGigE Vision，USB3 Vision，Camera Linkなどがあり，前者の2つはPC標準のギガビット・イーサネットとUSB3.0ポートに接続できます．工業用カメラは高価ですが高品質で耐久性があり，レンズを選べるほか，他の自動機械とのタイミングを取るためのしくみを備えています．中には，ある程度の画像処理を組み込めるものもあります．

　LabVIEWから使うにはNI-IMAQdxというドライバが必要で，NI社の画像入力製品を購入すると付属してきます（ドライバ単独だと有償）．これでWindowsが認識できるカメラはほとんど扱えます．Camera Linkは専用のフレーム・グラバ（画像取り込みボード）が必要で，デバイス・ドライバが付属しています．

● モータ

　メカトロニクスの重要な技術要素の一つとして，モータ制御があげられます．モータを使って正確な位置へ迅速にステージを移動するようなシステムには，専用のハードウェアが必要です．モータの種類によって駆動信号が違うことと，加速→最高速→減速→停止をなめらかに行って指定位置まで動かしたり，現在位置をフィードバックしながら制御したりしなければならないからです（図3-88）．

　そのような制御とモータ駆動を行うための製品が，おもにモータ・メーカから発売されています．LabVIEWからはRS-232やRS-485，イーサネットなどのインターフェースを通して利用できます．ModBusなどのプロトコルが必要な場合は，アドオン・ツールを利用して手間を省くことができます．

　あるいは，軌道の演算とモータの動作パターン信号を出力する機能を持った拡張カード（モーション・

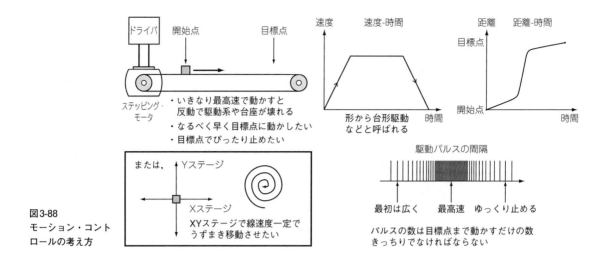

図3-88
モーション・コントロールの考え方

コントローラ)を使う方法もあります．信号をモータ・ドライバが受けてモータを駆動します．モーション・コントローラがLabVIEWをサポートしていれば使えます．

NI社の場合は一風変わっていて，リアルタイムOSを搭載したプラットフォーム上でソフトウェアによってモーション・コントロール機能を実装します．プログラミングにはLabVIEWを使います．

● シーケンサ

FA分野では，PLC(Programable Logic Controller)などの工業用入出力システムが多く使われてきました．LabVIEWからそれらにアクセスする方法の一つは，シリアルなどのインターフェースを使うことです．メモリ・アドレスを指定して，データを読み書きします．いくつかのPLCには計測器ドライバが用意されています．またはアドオンを追加して，工業用プロトコルやOPCサーバ/クライアントにも対応できます．

● ワンボード・マイコン

Makerムーブメントの中心的存在であるArduinoやRaspberry Pi，BeagleBone Blackといったワンボード・マイコンをLabVIEWで利用できます．

例えば，Arduinoは2種類の形態で使えます．一つはArduinoにスケッチ(Arduino用プログラム)を書き込んで走らせておき，APドライバVIでアクセスして，ディジタルI/O，アナログI/O，PWM，SPI，I^2Cデバイスとして利用します．安価なUSB接続のマルチ・ファンクションDAQになります．もう一つは，LabVIEWでArduinoのプログラムを開発し，コンパイルして流し込みます．単体で動作する組み込み機器が開発できます(コンパイラは有償で，ライセンスの違いにより価格が異なる)．

詳しくは，「LabVIEW MakerHub」や「Arduino Compatible Compiler for LabVIEW」で検索してみてください．MakerHubではKinect，Leap Motion，BeagleBone Blackなども見つけることができます．

● レゴ マインドストーム

LEGO MINDSTORMS EV3とNXTの組み込みプログラムをLabVIEWで開発できます．無償のツール・キットをインストールすればOKです．もともと，グラフィカルなプログラミング・ツールであるLOBOLABもLabVIEWがベースでした．

3-5　LabVIEWのアドオン・ソフトウェア

LabVIEWに標準で組み込まれていなくても，後から追加キットを購入することで，機能を増やすことができます．こちらもNI社をはじめ，アライアンス・パートナー会社，その他のサード・パーティがいろいろな製品を発売しています．

NI社が販売するのは，LabVIEWの開発環境を拡張するような比較的付加価値の高いものや，特定のハードウェア製品のプログラム開発に必要なソフトウェア・モジュールと，その配布用ライセンスなどです．

アライアンス・パートナーやサード・パーティが販売するアプリケーションやツール類は「LabVIEWツール・ネットワーク」にまとめられています．この中には，無償で提供されているものもたくさんあります．ユーザならだれでもLabVIEWを中心としたコミュニティの恩恵に与れるわけです．

LabVIEWの「ツール」メニューから「LabVIEWアドオンを検索…」を選ぶと，LabVIEWツールネットワークのWebページに飛びます．ぜひ，そこに何があるのか見てください．ダウンロードとインストールは，同じく「ツール」メニューから「VI Package Manager」を呼び出すことで行えます．

そのうちのいくつかを以下に紹介します．詳細は，日本NI社に問い合わせてください．

● LabVIEWアプリケーション・ビルダ

LabVIEWのVIから実行ファイル（EXEファイル）やDLLを作成します．ActiveXサーバまたは.NETアセンブリもできます．また，パッケージ配布用のインストーラも作成できます．

● マシンビジョン関数ライブラリ

画像解析をする場合，従来は専用のハードウェアを使って演算させるのが一般的でしたが，PCの高性能化によってCPUでも十分に演算をこなせるようになりました．Vision Development Moduleをインストールすると，画像を使った自動検査や科学的な画像処理のほとんどをカバーする関数と表示ツールが追加されます．CPUの拡張命令を利用しており，かなり高速な処理が可能です．

画像処理アプリケーションを使って求める結果が得られるよう，いろいろな処理方法を試行錯誤していきますが，それが済んだ頃にはアプリケーションの開発はほとんど終わりです．LabVIEWは処理を手軽に試せるので便利ですが，Vision Assistantという対話型のプロトタイプ作成ツールを使うと，さらに迅速に画像処理ダイアグラムを作成することができます（図3-89）．

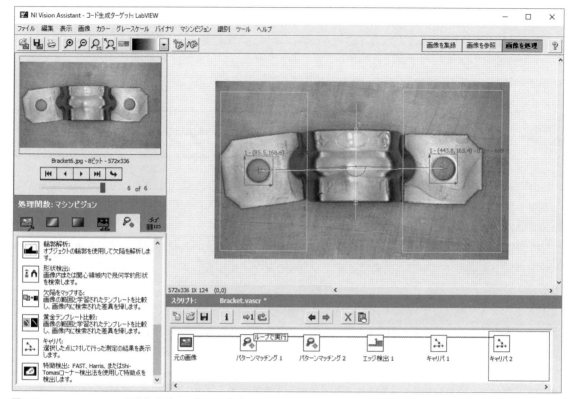

図3-89 Vision Assistantで画像処理ダイアグラムを作成できる

● 音響/振動計測ツール・キット

音響や振動の世界にはいろいろと取り決めごとが多く，それらに合致した解析，表示方法があります．このツール・キットでは，オクターブ解析，音響レベル計測に必要なVIや，聴感フィルタなどの規格に則ったVIが追加されます．また，音響/振動解析方法の比較をデモンストレーションするサンプルVIなども含まれており，それを見るだけでも勉強になります(図3-90)．

● 上級信号解析ツール・キット

ウェーブレット，フィルタ・バンク設計，モデルベース・スペクトル解析などの，時間・周波数解析をするためのVIを追加します．また，FIR，IIRといったディジタル・フィルタの設計に便利なツール・キットも付属しています．

● リアルタイム・モジュール

アプリケーションによっては，リアルタイム性が重要なことがあります．リアルタイム性とは時間の確定性という意味で，一連の繰り返し作業が確実に一定の時間内で行われていることが保証されるとい

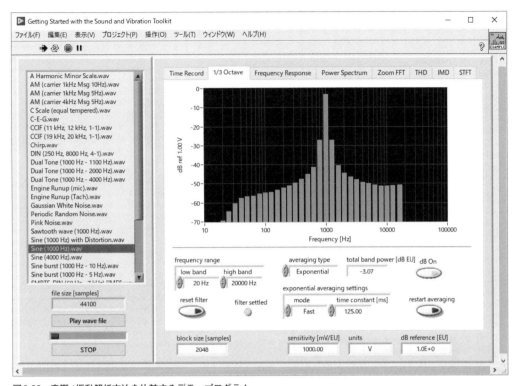

図3-90 音響/振動解析方法を比較するデモ・プログラム

うことです．おもに組み込み用途で，確実に計測制御の仕事を続ける信頼性も要求されます．

そういったリアルタイム・アプリケーションをLabVIEWで開発できるようにするモジュールです．Windows環境のLabVIEWでいつもと同じように作ったVIを，クロス・コンパイル（違うハードウェア向けにコンパイルする）してターゲットとなるハードウェアにダウンロードし，ターゲット上のRT-OS（リアルタイムOS）上で実行させます．NI CompactRIOやPXIのRTコントローラで，多くの計測モジュールを使って高性能なリアルタイム・システムができます．

● FPGAモジュール

LabVIEWで作成したVIをもとに，FPGA（Field Programmable Gate Array）チップのロジックを書き換えられるようにします．LabVIEWで作った計測制御プログラムをハードウェア・レベルの処理速度と信頼性およびリアルタイム性で動かすことができます．CPUによるマイクロコード処理の限界を突破した，カスタムメイドのハードウェアを作るということです．

事実上，NI社のRIO（Reconfigurable I/O：再構成可能入出力）デバイス（CompactRIOシャーシ，PXIのRシリーズ・モジュールほか）が対象です．

第4章

LabVIEWプログラミング

本章では，LabVIEWのアプリケーションであるVIの作り方を基礎から解説します．最初はゼロから作り始めるのではなく，サンプルVIを改造して作成するとよいでしょう．

▶ 本章の目次 ◀

4-1　VIプログラミングへのアプローチ

4-2　システム設計をしてみよう

4-3　サンプルVIを改造してVIを作る

4-1 VIプログラミングへのアプローチ

　それではLabVIEWを使ってVIを作ってみましょう．最初に，どのようなプログラムを作るかを考えてからVIを組み立てていくわけですが，それにはいくつかのアプローチがあります．

● プロジェクトから始める方法

　作りたいアプリケーションが決まっていれば，最初にLabVIEWプロジェクトを作成して，そこでVIやほかのファイルを作りながら追加していく方法がお勧めです．

　スタートアップ画面の「プロジェクトを作成」ボタンをクリックするとウィザード画面が出ます(**図4-1**)．そこで「ブランクプロジェクト」をダブル・クリック，または選んでおいて「終了」ボタンをクリックすると，初期状態のプロジェクト・ウィンドウが現れます．「マイコンピュータ」を右クリックして「新規」メニューでVIをはじめとして必要なものを追加していきます(**図4-2**)．

　ウィザード画面には，ほかにもいくつかのテンプレートやサンプル・プロジェクトがあります．これらは目的に応じて制御構造やVIを自動生成してくれますが，ある程度LabVIEWに慣れていないと理解しにくいので，最初はブランク・プロジェクトまたはブランクVIから始めるとよいでしょう．

● ブランクVIから始める方法

　最初にブランクVIを出して，フロントパネルに「こんな制御器があって，こんな表示器があって……」と，予想される部品を並べていきます．はじめのうちは，レイアウトや装飾，色などの見た目には凝らなくてもかまいません．

　次に，全体像を考えます．サブVIはどのようなデータをもらって，それをどう処理して出力するのかを決めていきます．VIがいくつかできてくるとファイルが増えるので，プロジェクトを作ってそこにファイルを登録して管理します．

　ブランクVIを出すには，LabVIEWのスタート画面で，**図4-3**に示すように「ファイル」メニューから「新規VI」を選ぶか，キーボードのCtrlとNを同時に押す(以後Ctrl+Nと表現)か，前述の「プロジェクトを作成」ウィザード画面で「ブランクVI」を選びます．すると，**図4-4**のように何もないパネルが開きます．

　ただし，この方法でプログラミングができるのは，ある程度LabVIEWやプログラム作成に慣れてきてからだと思います．どのようなプログラムにしたらよいかが決まっても，VIとしてどのように実現したらよいかわからない，あるいはサブVIを作りたいけれど，どのようなVIにすれば思いどおりに動くのかわからないといった場合は，テンプレートを参考にするとよいでしょう．

● テンプレートを使って始める方法

　LabVIEWには，VIテンプレートといって，比較的よく使われる構造やVIのパターンを半完成品の

（a）「プロジェクトを作成」ボタンをクリックする

（b）テンプレートを表示した例

図4-1 プロジェクトを作成のウィザード画面

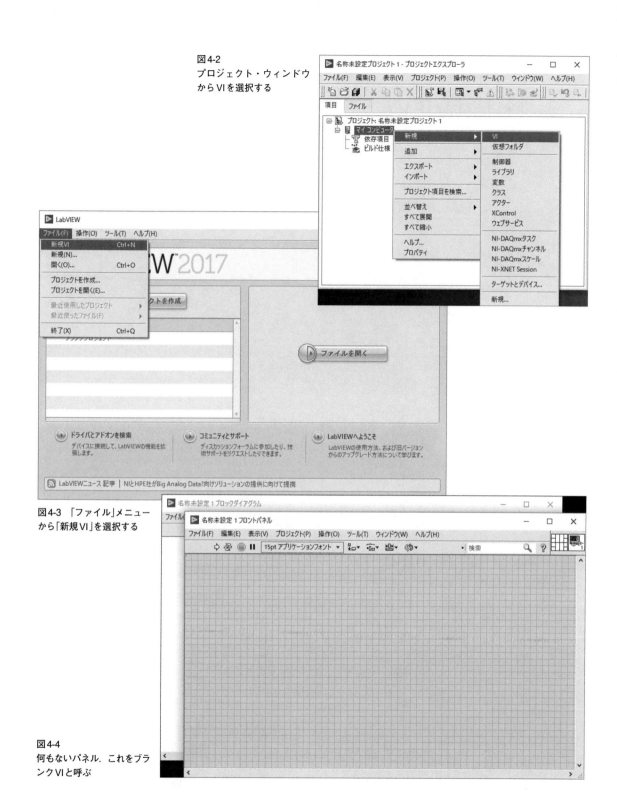

図4-2
プロジェクト・ウィンドウからVIを選択する

図4-3 「ファイル」メニューから「新規VI」を選択する

図4-4
何もないパネル．これをブランクVIと呼ぶ

(a)「ファイル」メニューから「新規…」を選ぶ

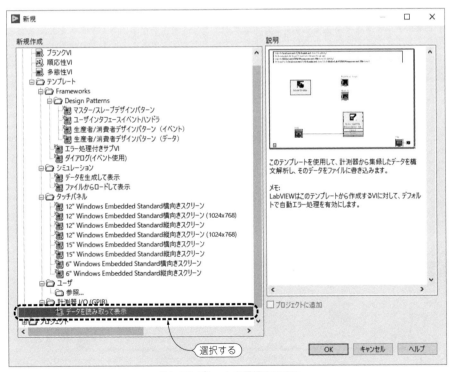

(b) テンプレートを選択する画面

図4-5 新規VIの作成

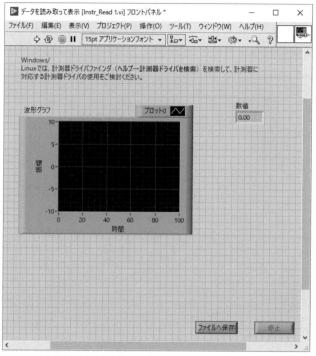

（a）データを読み取って表示するVIのフロントパネル

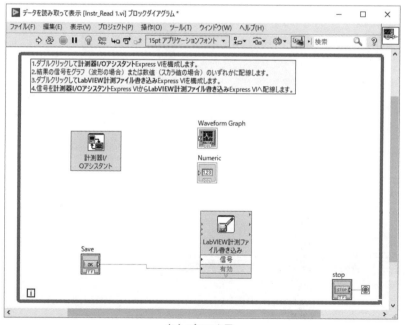

（b）ブロック図

図4-6　GPIBインターフェースからデータを読み取るテンプレート

128　第4章　LabVIEWプログラミング

図4-7
サンプル・ファインダ

VIとして登録しておき，それを呼び出して必要な部分を付け加えていくしくみがあります．テンプレートは自分で作ることもできますし，だれかが作ったものを利用することもできます．

スタート画面で「ファイル」メニューから「新規…」を選ぶと図4-5(b)のような画面が現れるので，自分の目的に合いそうなテンプレートをリストから選びます．

例えば，「テンプレート」>>「計測器I/O（GPIB）」>>「データを読み取って表示」を選んで「OK」ボタンをクリックすると，図4-6のようなVIが開きます．このVIでは計測器アシスタントを使ってデータを取得し，グラフの表示とファイル保存のやり方が示されています[注1]．また，テンプレートを読み込んだときは未保存のVIとして開かれるので，元のテンプレートを上書きする心配はありません．

● サンプルVIを改造する方法

テンプレートの中に目的のものが見つからないときは，サンプルVIを改造するという方法があります．LabVIEWには制御器や表示器，あるいは関数の使い方の基礎から比較的アプリケーションに近いテクニックまで，多くのサンプル・プログラムが付属しています．また，Webページからもさまざまなサンプル VIをダウンロードできます．それらの中から自分の目的に近いサンプルを見つけ，必要としている要件に応じて改造をすればよいでしょう．そのときには，本書で最初にサンプル VIを開いたときに使うサンプル・ファインダを活用してください（図4-7）．

LabVIEWを一人で勉強するときは，おそらくこの方法がいちばんの近道だと思います．そのためにも，なるべくたくさんのサンプル VIを見ておくと，自分の目的に近いものを容易に探し出すことがで

注1：NI-488.2ドライバをインストールしていないと計測器アシスタントは使えません．

きるようになります．

　この後，サンプルVIを目的に合うようにVIを改造していく例を紹介します．

4-2　システム設計をしてみよう

● 作成するVIの要件

　それでは，LabVIEWによるシステム設計に挑戦してみましょう．ここでは，LabVIEW用の拡張ハードウェアを持っていなくても計測プログラムの作成を体験できるように，PCに標準で備わっているサウンド機能を使って音声帯域の信号を取り込んで処理したり，テスト信号を出力したりすることができるVIを作ることにします．ただ単に信号が見えるというだけでなく，それなりの計測ができるようにしてみます．

　まず，ライン入力またはマイク入力から信号を取り込んで，パワー・スペクトラム解析ができるVIを作ります．信号を連続的に取り込みながら，時間波形とパワー・スペクトラムのグラフを更新します．時間波形は電圧で読み取れるようにし，パワー・スペクトラムはV_{rms}^2単位で移動平均処理をします．周波数帯域は，20Hz～20kHzを目標にします．

　その次に，テスト信号を出力するVIを作ります．目論んでいるのは，テスト信号を出して測定対象とする回路に入力し，出てきた信号を先に作った解析VIで取り込んで周波数特性などの伝達特性を調べるシステムです．

● サウンド機能を検討する

　一昔前までは，PCのサウンド機能は拡張カードを使って追加していました．有名なのは「サウンドブラスター」という製品で，その仕様が「SB互換」としてデ・ファクト・スタンダードになっていました．

　PCのサウンド機能が標準装備されるようになったころ，AC'97（オーディオ・コーデック97）というインターフェース規格が普及しました．論理コントローラとアナログ・コーデックを分離する構造で柔軟性をもたせています．論理コントローラはサンプリング周波数変換やサラウンド演算などを行い，これをソフトウェアで処理することにより安価にできます．コーデック・チップがA-D変換とD-A変換を行います．

　現在は，AC'97の後継であるHD Audio（ハイ・ディフィニション・オーディオ）が標準です．PCに内蔵されているだけでなく，拡張カードやUSB接続のサウンド・デバイスもほぼこれに準拠しているので，ハードウェアが違っていてもWindows上の設定画面は統一されています．とはいえ，ハードウェアの機能によって画面に現れる項目が多少違います．

● PCのオーディオ端子

　ほとんどのノートPCは，マイクロホンとスピーカを内蔵しています．さらに，ヘッドセットを接続

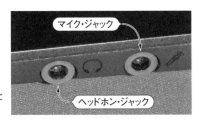

図4-8 ヘッドホン・ジャックとマイク・ジャック

図4-9 ヘッドホンとマイク両方の端子を1つのジャックにまとめたコンボ・ジャック

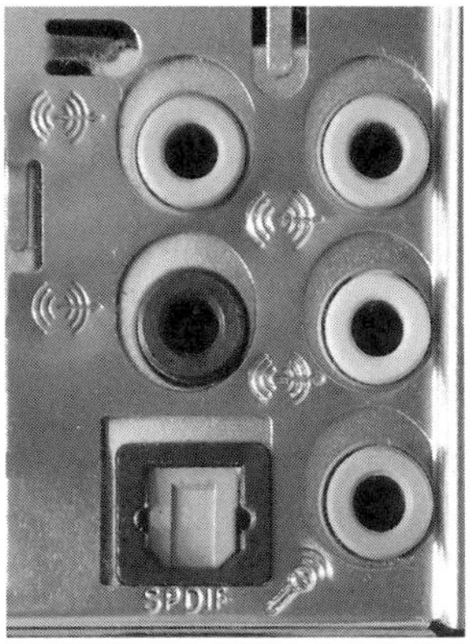

図4-10 右列上からライン入力, ライン出力, マイク入力
左列は追加の出力チャネルと光ディジタルI/F

できるようにマイク入力とヘッドホン出力のコネクタを備えています(図4-8). たいてい3.5mm径の3極ステレオ・ミニ・ジャックですが，中には4極のコンボ・ジャックもあります(図4-9). ちなみに，マイク入力が独立している場合の多くは入力回路もステレオ(2ch)ですが，コンボ・ジャックのマイク入力はモノラル(1ch)です(後ほどVIを作成して確かめる).

デスクトップPCではマイク入力とヘッドホン出力のほかに，ライン入力とライン出力があります(図4-10). マイク入力とヘッドホン出力は，前面パネルにあるかもしれません.

マイク入力とライン入力の違いは，扱う信号レベルとプラグイン・パワーの有無です. PCが想定しているマイクロホンはエレクトレット・コンデンサ型で，PCから電源(プラグイン・パワー)を供給します(図4-11). 大雑把にいって，マイクの信号レベルは3〜30mV，ライン入力のレベルは100〜300mV程度です. ダイナミック・レンジを考慮してもマイクで300mV，ラインで2V程度までの振幅が扱えればよいと思います.

また，ヘッドホン出力とライン出力は，負荷を駆動する能力の違いです. ライン出力の相手先は低くても数kΩ以上の入力インピーダンスがあるので駆動する際に電力はいりません. 一般的なヘッドホンはインピーダンスが16〜70Ω程度と低く，音量によっては50〜100mAの電流が必要です. ノートPCでは，スピーカを鳴らす信号をヘッドホン出力に回せばよさそうです(直列に抵抗が入っているかもしれない). 高級なサウンド・カードは，専用のヘッドホン・アンプが付いていることをアピールしているものもあります.

外部マイクを差し込むと，内蔵マイクが切れて外部マイクが有効になります. ヘッドホンをつなぐと内蔵スピーカから音が出なくなります. 昔はプラグを差し込むとジャック内の電極が離れてスピーカへの経路を切断していましたが，HD Audioではプラグが差し込まれたことを検出するセンサがあり，その状態を読み取ってソフト的に切り替えています. 他の入出力ジャックも同様なので，特にデスクトップPCではプラグを差し込まれていない端子は「接続されていません」となって設定などができません.

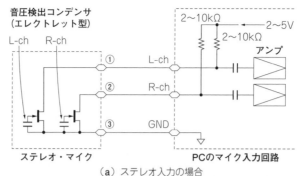

（a）ステレオ入力の場合

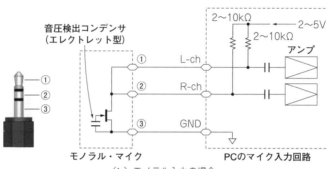

図4-11
マイクとマイク入力回路

（b）モノラル入力の場合

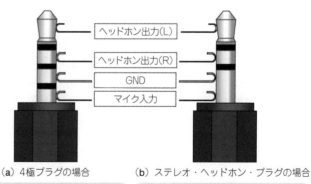

（a）4極プラグの場合　　　　（b）ステレオ・ヘッドホン・プラグの場合

図4-12
コンボ・ジャック用4極プラグの信号配置

この図はCTIA規格（PCの多くはこれ）
OMTP規格はマイク入力とGNDが逆

スマートフォンの4極はリモコン回路
などの場合があるので注意

コンボ・ジャックにステレオ・ヘッドホン・プラグを差し込むとマイクとGNDが短絡される

　ちなみに，コンボ・ジャックにヘッドホンの3極プラグを差し込むと，センサがONになったタイミングでマイク電極の電圧を調べます．GNDと短絡して0Vに近ければソフトが「外部マイクなし」と判断し，内蔵マイクを有効にします（**図4-12**）．

● A-D/D-Aコンバータとしての利用

　HD Audioの規格上は192kHz/32ビットや8チャネル・サラウンドなどに対応していますが，すべてのハードウェアがそうとは限らないようです．LabVIEWはDirectXを利用していて，ある程度は論理コントローラが融通（変換）してくれます．とはいえ，計測に使うにはなるべく加工や変換を介入させたくないので，コーデック・チップが対応しているフォーマットで使用することを考えます．フォーマットを調べる方法は後で説明します．

　手持ちのPCを調べたところ，入力（A-Dコンバータ），出力（D-Aコンバータ）とも以下の組み合わせから選べるようになっていました．

- チャネル数：1または2（モノラルまたはステレオ）
- 分解能：16または24ビット
- サンプリング周波数：チャネル当たり44.1kHz，48kHz，96kHz，192kHz

　PCによってはできない組み合わせもありますが，なるべく最高の組み合わせ（上の例では，24ビット，192kHz）で使うことにしましょう．もし，処理が追いつかないなどの不具合が出た場合は条件を緩くしてみてください．

● サウンドのプロパティ設定

　先にやっておかなくてはならないのは，PCのサウンド機能を2チャネル・ステレオにして拡張機能を無効にすることと，使用するサウンド・デバイスとレベルの設定，そして使用可能なサンプリング・レートとビット数の中から最高の組み合わせを選ぶことです．これらはすべてWindowsのサウンド設定で行います．

　機種によって多少画面が違いますが，大きく異なることはありません．外部マイク入力とヘッドホン出力コネクタが独立しているノートPCを基準に，必要に応じて他機種の特徴を挙げながら説明していきます．

● 再生デバイスの構成

　タスク・バーの音量アイコン（なければコントロール・パネルの「サウンド」を選ぶ）を右クリックして，ポップアップするメニューから「再生デバイス」を選びます（図4-13）．

　ここに音を出力するデバイスが並んでいます．ノートPCの場合は「スピーカ」だけですが，デスクトップPCではHDMI接続のディスプレイやSPDIF（光インターフェース）があるかもしれません．もし，「スピーカ」が「既定のデバイス」になっていなければ，右クリックして「既定のデバイスとして設定」にしてください．その後，「構成」ボタンをクリックします（図4-14）．

　スピーカのセットアップ画面では，「ステレオ」を選んで「次へ」ボタンをクリックします．デスクトップPCでは「サラウンド」などがあるかもしれませんが，今回は使いません（図4-15）．

　フルレンジ・スピーカの選択では，「フロント左とフロント右」にチェックを入れます．これは念のた

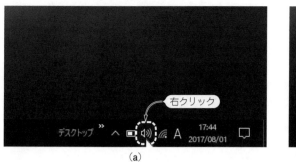
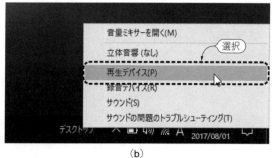

図4-13 タスク・バーの音量アイコンを右クリックして「再生デバイス」を選ぶ

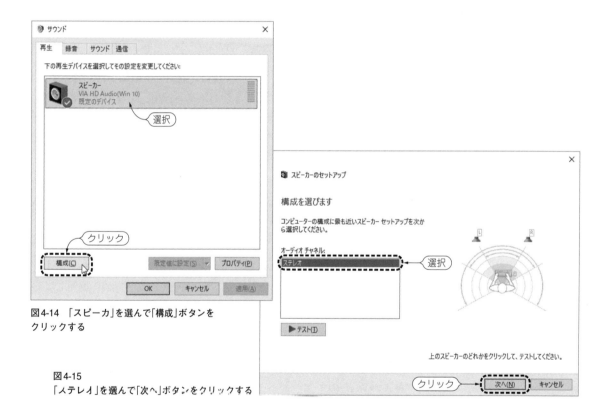

図4-14 「スピーカ」を選んで「構成」ボタンをクリックする

図4-15 「ステレオ」を選んで「次へ」ボタンをクリックする

めです．小さなサテライト・スピーカやノートPCのスピーカで音割れを防ぐために低音域をカットするのが目的かもしれませんが，効果は確認できませんでした（図4-16）．

「完了」ボタンで構成画面を閉じ，前の画面に戻ります（図4-17）．

● 再生デバイスのプロパティ

再生デバイスで「スピーカ」を選んだまま「プロパティ」ボタンをクリックします（図4-18）．

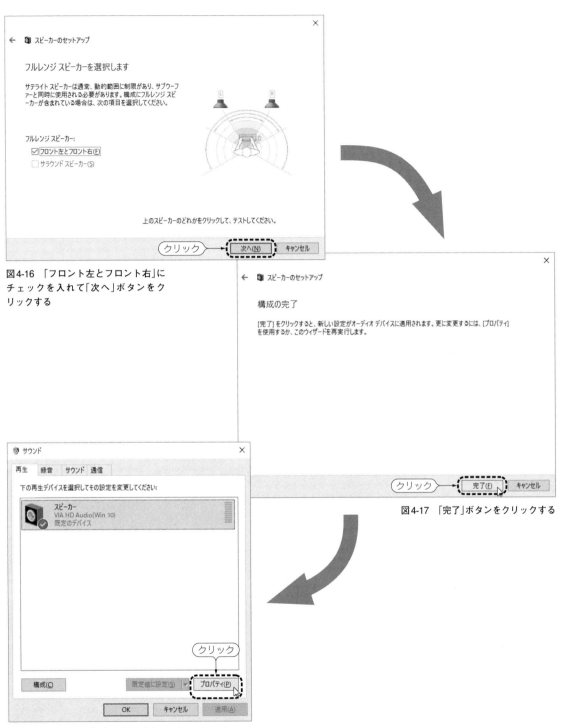

図4-16 「フロント左とフロント右」にチェックを入れて「次へ」ボタンをクリックする

図4-17 「完了」ボタンをクリックする

図4-18 スピーカの「プロパティ」ボタンをクリックする

4-2 システム設計をしてみよう

図4-19 音量アイコンが0%でないこととミュート・ボタンがOFFであることを確認する

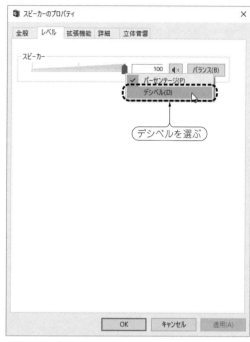

図4-20 ノブを右クリックして「デシベル」を選ぶ

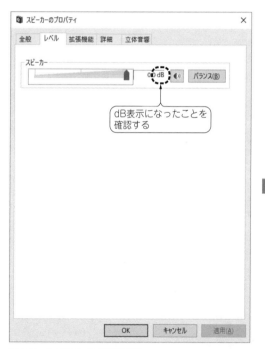

図4-21 レベルのdBを確認する

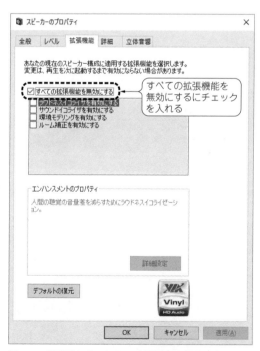

図4-22 「拡張」タブですべての拡張機能を無効にする

図4-23
サウンド・ブラスターの拡張機能

　スピーカのプロパティ画面では,「レベル」タブを選んで,スピーカの音量スライダを確認します.これは,タスク・バーの音量アイコンから調整するスライダと連動しています.これが0%でないことと,ミュート・ボタンがOFFであることを確認してください（図4-19）.スライダのノブを右クリックして「デシベル」を選びます（図4-20）.すると単位がdBになります（図4-21）.この例では100%が0dBになっていますが,%とdBの対応は機種によって違います.ここでは0dBにしておきましょう.

　もし,「拡張」や「拡張設定」タブがあれば,そこですべての拡張機能を無効にします（図4-22）.もし,ほかに拡張機能のタブ（立体音響やDolbyなど）があるようなら,使わない設定になっていることを確認してください.内部スロットや外付けでサウンド・デバイスを拡張している場合は,専用の設定プログラムでさまざまな拡張機能を設定できることがあります.その場合は,そちらで拡張機能をすべて無効にしておいてください（図4-23）.

　「詳細」タブで「既定の形式」のリングをクリックすると,デバイスが対応可能なビット数とサンプリング周波数の一覧が見られます.ここでは最高の組み合わせを選んでおきましょう.このPCでは24ビット/192000Hzでした（図4-24）.「OK」ボタンで決定して,前の画面に戻ります.

● 録音デバイスのプロパティ

　「録音」タブをクリックすると,音を入力するデバイスが並んでいます.ノートPCの場合は「マイク」

4-2　システム設計をしてみよう　　137

図4-24 スピーカのプロパティのビット数とサンプリング・レートの設定

図4-25 入力デバイスのプロパティを開く

図4-26
使用する入力以外はミュート

138　第4章　LabVIEWプログラミング

だけだと思いますので，それが「既定のデバイス」であることを確認して「プロパティ」ボタンをクリックします（図4-25）．

デスクトップPCでは，外部マイク入力やライン入力などがあるかもしれません．また，拡張オーディオ・デバイスでは，専用の設定プログラムに入力ジャックの用途を切り換える機能があるかもしれません（図4-26）．PC用マイクロホンを差し込んで「マイク」を有効にする，またはライン入力ジャックにミニ・プラグ・ケーブルを差し込んで「ライン入力」を有効にしてから，右クリックして「既定のデバイス」に設定し「プロパティ」ボタンをクリックします．

プロパティ画面の「聴く」タブでは，「このデバイスを聞く」チェックボックスがOFFになっていることを確認します．ONにすると，マイクやラインから入る音をスピーカから聞くことができますが，今回は目的に合わないので外します（図4-27）．

「レベル」タブで，マイクのパーセント・レベルを確認したら，スライド・ノブを右クリックして，単位を「デシベル」にしてみましょう（図4-28）．このPCでは，43%のとき0dBでした（図4-29）．また，マイクとマイク・ブーストのノブを動かして範囲を確認すると，マイクは$-16.5 \sim +30\text{dB}$，マイク・ブーストは$0 \sim +30\text{dB}$の範囲でした（図4-30）．これらは機種によって違うので，とりあえず0dBにしておきます．

いくつか実験してみたところ，「マイク」はミキサに入るレベルの調整，「マイク・ブースト」はマイク・アンプのゲイン（増幅度）と考えられます．このノートPCの場合，マイク・ブースト0dBのとき$1V_{rms}$以上入力しても波形はひずみませんでした．したがって，プラグイン・パワーの電圧に気をつければ，

図4-27　「このデバイスを聴く」のチェックを外す

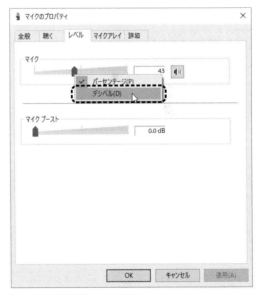

図4-28　単位をデシベルにする

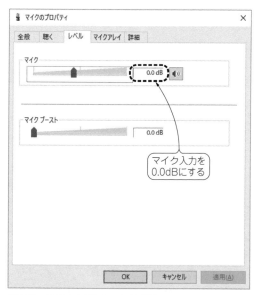

図4-29　43%のときに0dBになる例

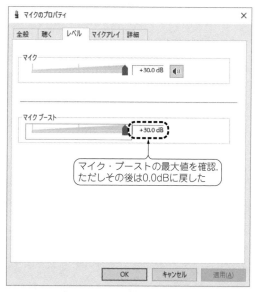

図4-30　レベルとブーストの範囲

図4-31
システム・エフェクトを無効にする

外部マイク入力でライン・レベルの信号を扱うことができそうです．

「マイク・アレイ」など拡張機能のタブがあれば，無効にしておきます（図4-31）．また，拡張オーディオ・デバイスでは，専用の設定プログラムに入力デバイスの拡張機能があるかもしれません（図4-32）．

「詳細」タブで「既定の形式」のリングをクリックすると，デバイスが対応可能なチャネル数とビット

図4-32
サウンド・ブラスターのマイク拡張機能

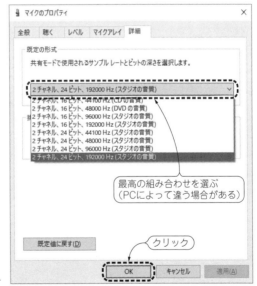

図4-33
マイク入力のビット数とサンプリング・レート

数，およびサンプリング周波数の一覧が見られます．最高の組み合わせを選んでおきましょう．このPCでは，2チャネル/24ビット/192000Hzでした（**図4-33**）．「OK」ボタンで戻り，サウンド設定画面を「OK」ボタンで閉じます．

ワンポイント・アドバイス——「既定のデバイス」と「既定の通信デバイス」

再生デバイスや録音デバイスを右クリックして設定できる「既定のデバイス」と「既定の通信デバイス」は，優先順位を設定するためのものです．「既定のデバイス」が最優先になります．もし，「既定のデバイス」に設定されたデバイスが無効か，外部ジャックに何も接続されていなければ，「既定の通信デバイス」が使われます．両方とも無効か接続されていなければ他の有効なデバイスが使われ，優先順はデバイス・リストの上からです．使いたくないデバイスは，右クリックして「無効化」しておくとよいでしょう．

● サンプルVIでテスト

スタートアップ画面で，「ヘルプ」メニューから「サンプルを検索」を選びます（図4-34）．次に，サンプル・ファインダの画面で，「ハードウェア入力と出力」→「サウンド」の下にある「連続サウンド入力」をダブル・クリックします（図4-35）．このVIのフロントパネルを図4-36に示します．この画面でCtrl+E（CtrlキーとEキーを同時に押す）か，「ウィンドウ」メニューの「ブロック・ダイアグラムを表示」を選ぶと，ダイアグラム画面が開きます（図4-37）．Ctrl+Eは，ブロック・ダイアグラムからフロントパネルに移るときにも使えます．

このVIは，サウンド入力デバイスのサンプリング周波数を22050Hz，2チャネル，16ビット分解能で構成し，音声信号を取り込んで時間波形グラフを更新し続けます．ブロック・ダイアグラムを見ると，なんとなくわかりますね．

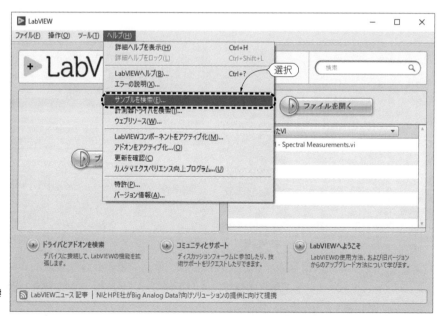

図4-34
サンプルを検索
する

図4-35
サンプル・ファインダで「連続サウンド入力」をダブル・クリックする

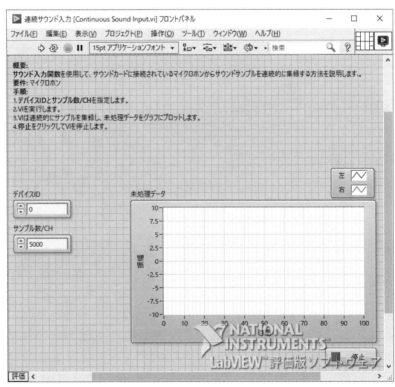

図4-36
連続サウンド入力のフロントパネル

4-2 システム設計をしてみよう　143

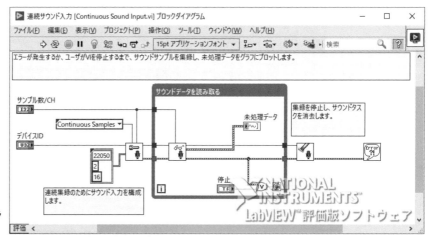

図4-37
連続サウンド入力のダイアグラム画面

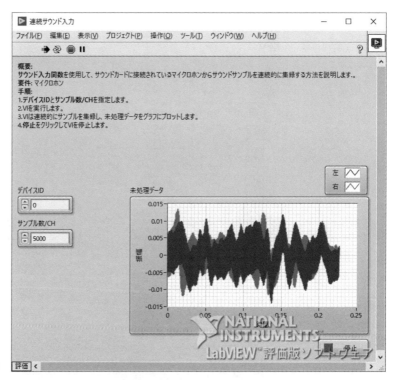

図4-38
マイク入力の波形

　フロントパネルで実行ボタンをクリックして実行し，マイクに向かって何か喋ってみましょう（図4-38）．もし，エラー・メッセージが出る（図4-39）ならば，有効な録音（入力）デバイスがありません．ライン入力が既定のデバイスになっている場合は，ノイズしか表示されないかもしれません．もし，「既定の通信デバイス」が有効ならば，フロントパネルの「デバイスID」を「1」にしてから実行するとそちら

図4-39 エラー4800のメッセージ

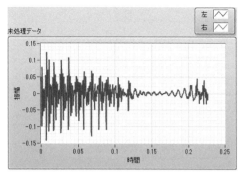

図4-40 モノラル波形の例

から取り込みます．

　波形はチャネル別に青と赤の色を付けています．PCの内蔵マイクに喋ったときの波形が青一色で，赤い波形がほとんど見えないときはモノラル・マイクだと考えられます．モノラル入力だと左右の波形がまったく同じなので，背面にある赤色の波形が隠れてしまっています(無音のときはノイズなので赤色が見えます)．コンボ・ジャックのPCはその可能性があります(**図4-40**)．

　「停止」ボタンをクリックすると，VIの実行が止まります．このサンプルVIでは，サウンド入力VIを使って信号を取り込む方法や，停止ボタンがクリックされるかエラーが起こったときにプログラムを終了する方法が示されています．では，この連続サウンド入力VIを元に改造してみましょう．

4-3　サンプルVIを改造してVIを作る

● VIの改造を始める

　まず，サンプルVIを別の名前で保存してから改造を始めます．そうしないと，間違えて元のサンプル・ファイルを上書きしてしまう可能性があるからです．

　「ファイル」メニューから「別名で保存…」を選びます(**図4-41**)．すると，オプションを指定するダイアログが出るので，「元のファイルを閉じてコピーを編集」を選んで「継続…」ボタンをクリックします(**図4-42**)．

　Windowsのファイル・ダイアログが出るので，適当なフォルダを作って保存してください．この例では，「ドキュメント > LabVIEW入門 > プログラム」フォルダを作り，ファイル名を「Sound Input Audio Analyzer」としています(**図4-43**)．

　フロントパネルを少し整理しましょう．「概要」で始まる説明文をクリックすると，文章全体が動く破線で囲まれます(**図4-44**)．これは対象の部品が選択されていることを示します．その状態でキーボードのDelキーを押すと削除されます(**図4-45**)．

　次に，パネル上の何もない場所を起点に「デバイスID」「サンプル数/CH」「未処理データ・グラフ」「停

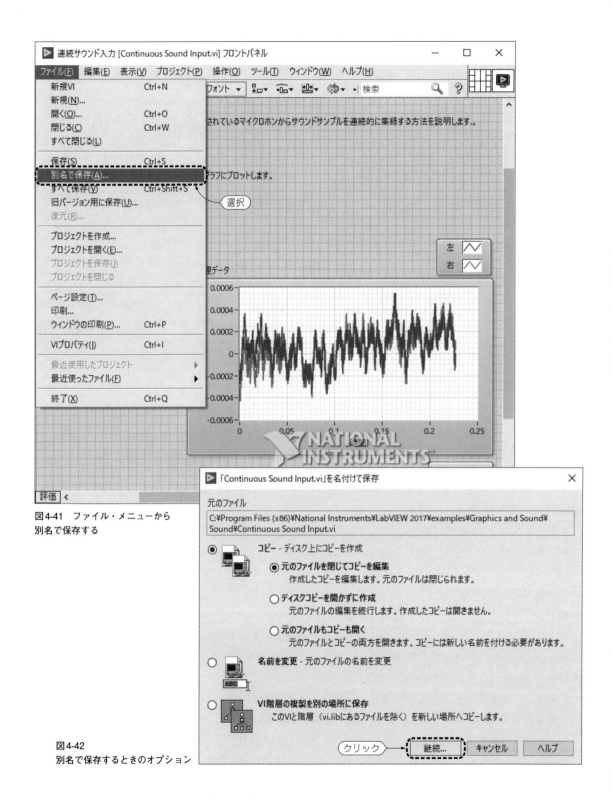

図4-41 ファイル・メニューから別名で保存する

図4-42 別名で保存するときのオプション

146　第4章　LabVIEWプログラミング

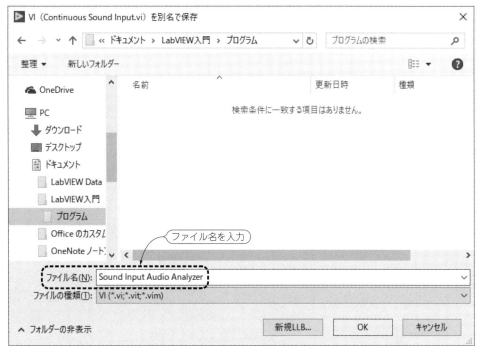

図4-43
フォルダを決めて
ファイル名を入力

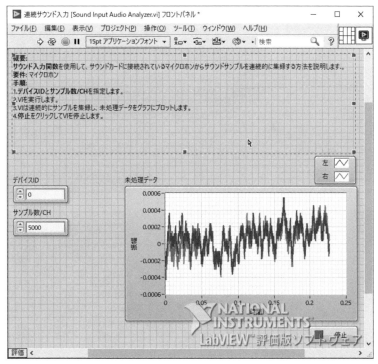

図4-44
フリー・ラベルを選択する

4-3 サンプルVIを改造してVIを作る 147

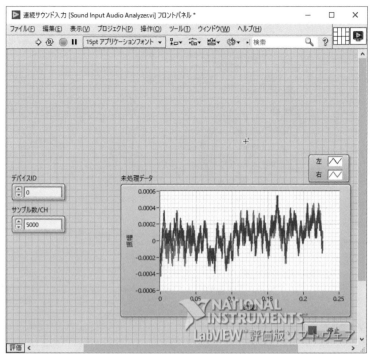

図4-45
フリー・ラベルを削除する

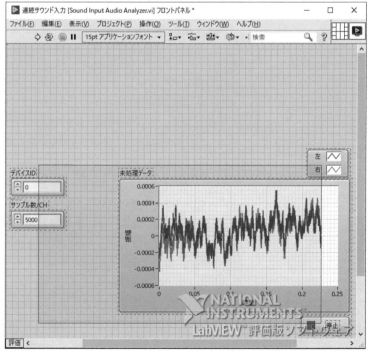

図4-46
複数の部品をまとめて選択する

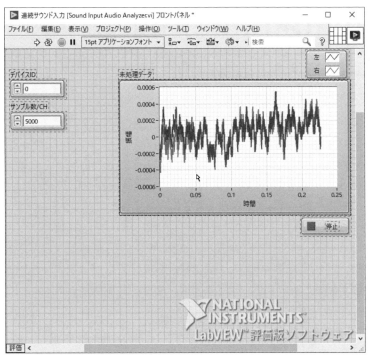

図4-47
部品の位置を移動する

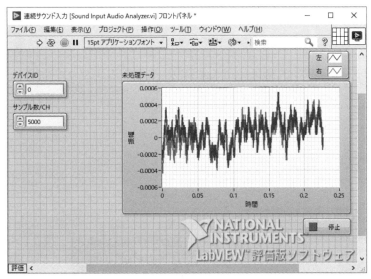

図4-48
ウィンドウ・サイズの調整する

止ボタン」をまたぐようにドラッグして囲むと，それらが一括して選択されます（図4-46）．どれかの部品をドラッグすると，選択されているすべてが移動できます．ここでは上に移動しましょう（図4-47）．ウィンドウ・サイズを適当に合わせます（図4-48）．

4-3 サンプルVIを改造してVIを作る　　149

> **ワンポイント・アドバイス――複数の部品を選択するには**
>
> 複数の部品を選択するときは，Shiftキーを押しながらクリックしても選択できます．もう一度Shift＋クリックすると選択が解除されます．また，Ctrl+Aですべての部品を選択することもできます．

　ところで，ウィンドウの上部のバーには「連続サウンド入力」と書かれています．これはウィンドウ・タイトルです．VIの実行中は，これだけが表示されていたことに気がついたでしょうか？その右の「Sound Input Audio Analyzer.vi」はVIのファイル名です．ちなみに，「フロントパネル」の右にある*印はこのVIが変更されて未保存であることを示します．　ウィンドウ・タイトルがこれから作ろうとするVIの目的に合わないので変更しましょう．

　「ファイル」メニューで「VIプロパティ」を選ぶか（図4-49），右上のVIアイコンを右クリックして「VIプロパティ」を選ぶ（図4-50）と，設定画面が現れます．「カテゴリ」の中から「ウィンドウの外観」を選びます（図4-51）．「ウィンドウ・タイトル」に「サウンド入力 オーディオ・アナライザ」とでも入力して「OK」ボタンをクリックします（図4-52）．

　フロントパネルのタイトルが変わったことを確認したら，Ctrl+Sで上書き保存します．

図4-49
ファイル・メニューからVIプロパティ

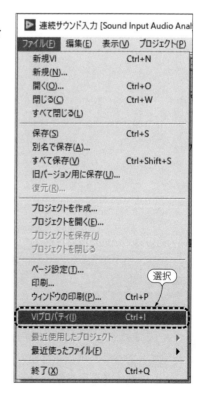

図4-50　アイコンでポップアップしてVIプロパティ

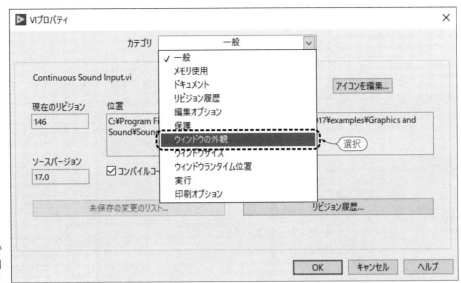

図4-51
VIプロパティ画面で「ウィンドウの外観」カテゴリを選択する

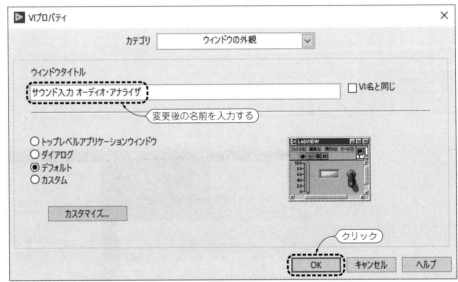

図4-52
ウィンドウ・タイトルを入力する

● ブロック・ダイアグラムの内容

では，ブロック・ダイアグラムの内容を見ていきましょう(図4-53)．ツール・バーの右端にある「？」ボタンをONにする(「ヘルプ」メニューの「詳細ヘルプを表示」またはCtrl+HでもOK)とヘルプ・ウィンドウが出ます．ここには，マウス・ポインタが乗っているノードやワイヤの説明が出ます(図4-54)．

「サウンド入力構成」VIでは，「デバイスID」で示されたサウンド入力デバイスを「サウンド形式」で指

4-3 サンプルVIを改造してVIを作る　151

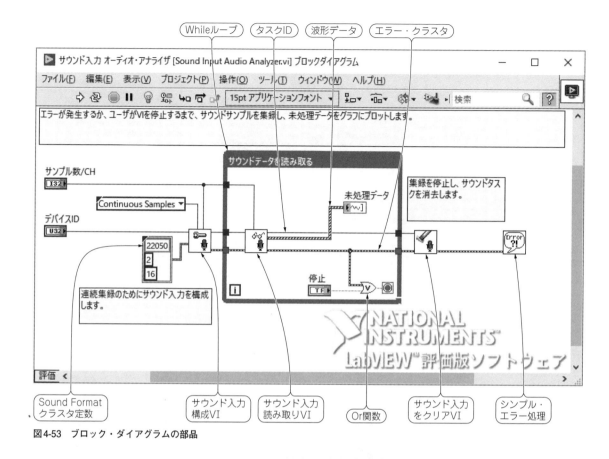

図4-53 ブロック・ダイアグラムの部品

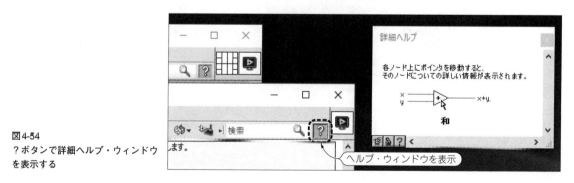

図4-54
？ボタンで詳細ヘルプ・ウィンドウを表示する

定された条件で構成して「タスクID」というリファレンス（参照番号）を出力します（図4-55）．それ以降のサウンドVIは，タスクIDを参照して作業を行います．もし構成時にエラーがあれば，その情報が「エラー出力」というクラスタに出力されます．

　クラスタとは，いくつかのデータをひとまとめにした構造体で，どのようなデータ・タイプ（形式）で

152　　第4章　LabVIEWプログラミング

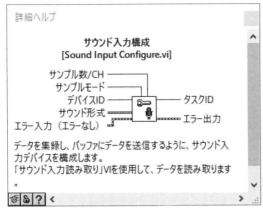
図4-55 「サウンド入力構成VI」のヘルプ

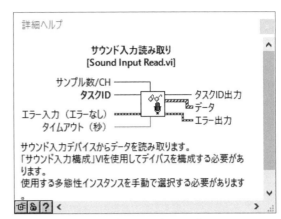
図4-56 「サウンド入力読み取りVI」のヘルプ

も入れることができます．「Sound Format」は，3つの要素が入ったクラスタの定数です．エラー・クラスタだけは要素が決められていて，ステータス(エラーのあり/なしを示す)ブールと，エラー・コードの数値，ソース(発生箇所などを示す)文字列が入っています．

ワンポイント・アドバイス —— クラスタの枠やワイヤの色

クラスタの枠やワイヤが茶色なのは，要素がすべて数値であることを示します．数値以外のデータ・タイプが混合しているときはピンク色になります．

Whileループの中では「サウンド入力読み取り」が繰り返し呼び出されて，読み取ったデータを「未処理データ」というグラフ表示器に渡しています(図4-56)．

エラー入力が付いているサブVIのほとんどは，エラーありが入力された場合には何もしないで抜けてくるように作られています．

Or関数では「停止」ボタンの状態とエラーの論理和をとるので，どちらかがTrue(真)だったらTrueを出力し，ループ条件端子(赤丸)に与えます．つまり，エラーが生じたか「停止」ボタンがクリックされたらループを抜けます．ループを抜けたら「サウンド入力をクリアVI」がタスクを消去します(図4-57)．このような種類のVI(リファレンスを閉じる，タスクをクリアするなど)は例外的に，エラー入力にエラーが入っていても動作を実行します．その後にある「シンプル・エラー処理VI」は，エラーがあったときにその内容を報告するダイアログ・ボックスを表示します．

このVIでは「Sound Format」が定数になっていて，ブロック・ダイアグラムを修正しないと変更できません．また，グラフに表示される振幅は最大で±1の範囲ですが，その単位は不明です．試しに，振幅2.5V_{pk}で500Hzの正弦波を入れたところ，±1で頭打ちになっています(図4-58)．何Vで1になるかは，機種によってまちまちでした．計測に使うなら，電圧などの物理単位で直読できないと困ります．

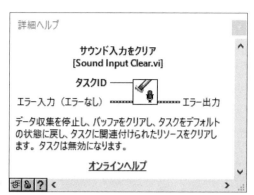

図4-57
「サウンド入力をクリアVI」のヘルプ

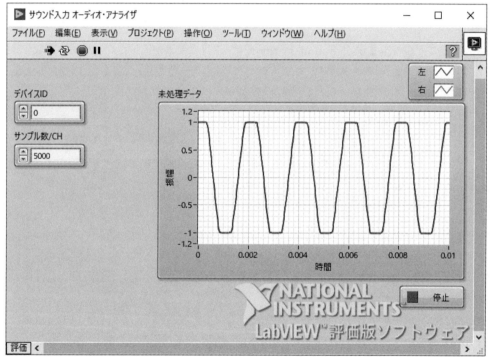

図4-58
入力信号は±1
でクリップした

さらに，「サンプル数/CH」は一回に読み込んで表示するポイント数で，サンプリング周波数で割ればループ1回当たりの時間（繰り返し周期）になります．後のことを考えると，処理にかかる時間で管理したいので，サンプリング・レートを変えても時間が保たれるようにしましょう．

● 波形グラフと配列

第1章の時間分解能のところで説明したように，波形データはA-Dコンバータでタイミングを取りな

154　　第4章　LabVIEWプログラミング

がらサンプリングした点データの集まりです．LabVIEWでは，データの集まりを「配列」として扱います．配列は一種のデータ・タイプで，同じ形式のデータが複数まとめて入る入れ物と考えてください．最大個数（配列サイズ）はメモリが許す限り大きくでき，各データは指標番号（何個目か）で識別されます．

　配列をグラフに表示すると縦軸はデータの値で，横軸は指標番号になります．横軸を時間として観測したい場合は，各データの時刻がわからないといけません．A-Dコンバータでサンプリングした時刻も一緒に記録しておいたならそれを使えばよいのですが，一定時間間隔でサンプリングしていたのなら次の式で計算できます．

> （先頭データの時刻）＋｛（サンプリング間隔）×（指標番号）｝

　LabVIEWの指標番号は，0から始まります．先頭データの時刻がわかっていれば計算された時刻は実時間で，わからなければ0とみなして経過時間となります．それぞれ絶対時間，相対時間と呼ぶこともあります．

　LabVIEWはグラフに表示するデータを，先頭時刻（t0），時間間隔（dt），データ配列（[Y]）の組み合わせで管理できます．これら3つの要素をクラスタにしたワイヤをグラフに接続すると，グラフの横軸が自動的に計算されます．もちろん，一定間隔の波形データであれば，t0とdtは時間とは別の物理単位でもかまいません．

　LabVIEWには，このクラスタ構造にいくつかの属性を追加した「波形データ・タイプ」があります．VIのダイアグラムで「未処理データ」につながっている茶色いワイヤは，この波形データ・タイプの配列（2チャネル分）です．配列は，ほぼすべてのデータ・タイプを要素として受け入れるので「配列を含んだクラスタの配列」というややこしい状態です．

第5章
オーディオ信号解析VIを作る

本章からは具体的なVIの作成方法を解説します．作成するのは，オーディオ信号解析VIです．パソコンのハードウェアを利用するので，別にハードウェアを用意する必要はありません．

▶ 本章の目次 ◀

5-1　周波数解析プログラムの作成

5-2　作成したVIのテスト

5-3　アイコンの編集

5-1　周波数解析プログラムの作成

● サンプルVIを改造する

　本章では，第4章で別名で保存したサンプルVIを改造してオリジナルのVIを作成します．VIを閉じた状態ではスタートアップ画面の右側に最近使ったファイルが表示されているので，その中から第4章で使ったSound Input Audio Analyzer.viをクリックして開きます．

　まず，Ctrl＋Eでブロックダイアグラムを開きます．薄い黄色地の文章はコメントです．後でプログラムを理解するときの助けになるので積極的に書くことをお勧めしますが，ここではとりあえず削除しておきましょう．マウスで選択してDeleteキーを押します（図5-1）．

> **ワンポイント・アドバイス —— 元に戻したい場合**
> もし間違えてしまったら，Ctrl＋Zキー（Undo）で元に戻せます．

　3要素のクラスタ定数のふちを右クリックすると，ポップアップ・メニューが現れます．その中から「制御器に変更」を選びます（図5-2）．すると，フロントパネルに制御器が現れます（図5-3）．

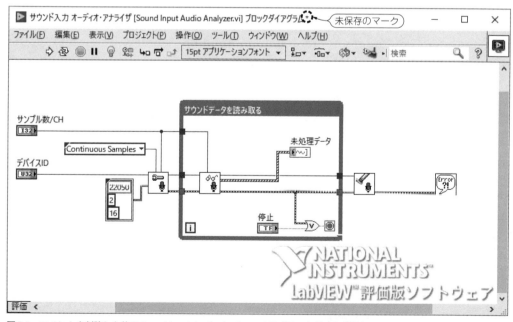

図5-1　コメントを削除した後のSound Input Audio Analyzer.viのブロックダイヤグラム

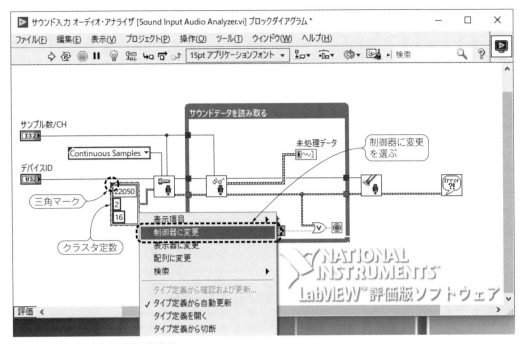

図5-2 クラスタ定数を制御器に変更する

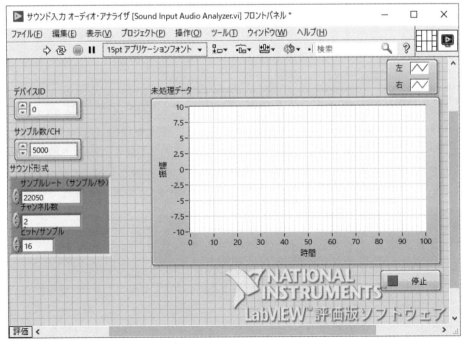

図5-3 フロントパネルにサウンド形式制御器が現れる

> **注意 ── ポップアップ**
>
> これよりあと，端子やノード，制御器や表示器も含め，その上で右クリックしてポップアップ・メニューを出すことを単に「ポップアップする」と表現することにします．また，ポップアップ・メニューから希望の項目をクリックして決定することを「選ぶ」と表現します．ポップアップはLabVIEW操作の基本です．

ここで注目して欲しいことが2点あります．まず，ダイアグラム上のターミナルのラベルは「Sound Format」なのに，フロントパネルでは「サウンド形式」になっていることです．これはキャプションと呼ばれる名前です．ラベルはプログラムが参照する変数名に相当し，重複は避けるべき（プログラムは正常に動くが人間が見間違える）ですが，キャプションは自由に付けられます．フロントパネルではポップアップしてどちらも表示／非表示を選べます．ダイアグラムではラベルのみです．

> **ワンポイント・アドバイス ── キャプションの利用法**
>
> パネルの言語を翻訳するときはキャプションを使うと，プログラムを書き換えなくて済むので便利です．これはすべての制御器と表示器に備わっている機能です．

2つめは，ターミナルの左上に黒い三角が付いているところです．これはこの制御器が，「タイプ定義」として特別に型宣言された制御器と関連付けられていることを表します．図5-2のポップアップをよく見ると「タイプ定義」に関するメニューがあります．

> **ワンポイント・アドバイス ──「タイプ定義」と「指定タイプ定義」**
>
> あらかじめデータ・タイプやクラスタ構造を設定した制御器（または表示器）をファイルに保存して，ひな形として使うことができます（カスタム制御器）．それを「タイプ定義」に指定しておくと，元のタイプ定義を変更したときにリンクされた制御器や表示器，定数すべてに変更が適用されます．「指定タイプ定義」に設定しておくと，外観やリングの文字列も含めて固定されます．「サウンド形式」制御器が変更できないのは，指定タイプ定義だからです．

ラベルをダブル・クリックすると変更可能になります．

「サンプル数/CH」制御器のラベルを「バッファ時間（ms）」に変更します．また「未処理データ」グラフのラベルを「時間波形」に変更します．フロントパネルとダイアグラムのどちらからでも変更できます（図5-4）．

次に新しい制御器を追加してみましょう．フロントパネルの何もないところでポップアップすると，

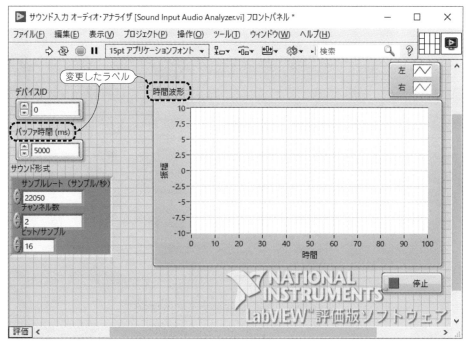

図5-4 ラベルの変更

制御器パレットが現れます．「文字列＆パス」にマウスを重ねると，さらにメニューが出るので「文字列制御器」をクリックします（**図5-5**）．カーソルが何かを持った形になるので，希望の場所でクリックすると制御器が置かれます．ラベルの「文字列」を「物理量単位」に変更します（**図5-6**）．新しく置いた直後でラベルが白黒反転していれば，そのまま変更できます．通常の状態になっていたらダブル・クリックしてください．

ワンポイント・アドバイス —— ダブル・クリックとトリプル・クリック

文字列はダブル・クリックすると1ワードの範囲が選ばれます．トリプル・クリックすると全体が選ばれます．

次に，パネルの何もない場所でポップアップして，「数値」の中から「数値制御器」を選びます（**図5-7**）．ラベルは「係数（単位/1）」とします（**図5-8**）．

いま追加した「係数（単位/1）」と，先ほどラベルを変更した「バッファ時間（ms）」は，同じ数値制御器なのに見た目が違います．これは，単なるデザインの違いだけです．LabVIEWには標準で「モダン」「シ

図5-5　ポップアップした制御器パレットから文字列制御器を追加した

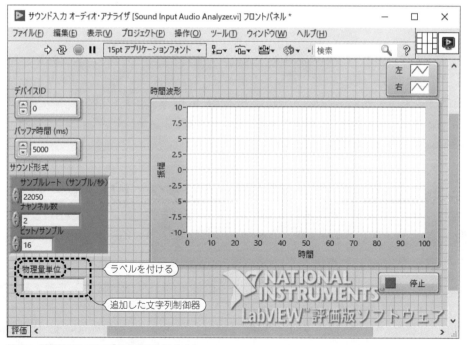

図5-6　制御器のラベルを「物理量単位」とした

162　第5章　オーディオ信号解析VIを作る

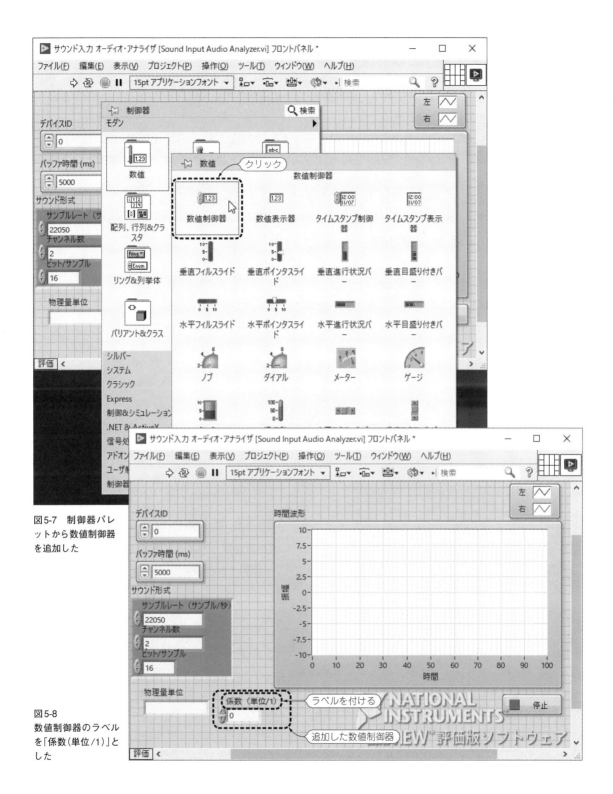

図5-7 制御器パレットから数値制御器を追加した

図5-8 数値制御器のラベルを「係数（単位/1）」とした

5-1 周波数解析プログラムの作成　163

コラム7　制御器と表示器

　制御器は，ブロックダイアグラムに入力データを渡すための手段です．表示器はブロックダイアグラムから出力データを受け取るための手段です．

　これらの制御器と表示器は，制御器パレットから選びます．制御器パレットは，以下のサブパレットで区分けされています．アドオンやツールキットをインストールすると追加されることがあります．

モダン
　LabVIEW6以降の標準的なスタイルでほとんどのフロントパネルの作成に使用する

シルバー
　エンドユーザが操作するVIに使用すると少しリッチなパネルにできる

システム
　自作のダイアログボックスなどに使えばOSが出すダイアログともよくなじむ

クラシック
　LabVIEW5以前で使われていたタイプ．ローカラーモニタや白黒印刷用のVI向け

Express
　Express VIの作成に使える制御器と表示器がまとめられている

.NET & ActiveX
　.NETまたはActiveXコントロールを操作するときに使用するコンテナなどがある

ルバー」「システム」「クラシック」の4つのスタイルが用意されているので，好みのものを使えばよいでしょう．「システム」を使えば，標準的なWindowsプログラムに似たパネルにすることもできます．

　入れ替えたければ，「係数(単位/1)」でポップアップして「置換」→「シルバー」→「数値」とたどって「数値制御器(シルバー)」を選びます(図5-9)．

　ある程度どのような制御器があるかがわかってきたら，「クイックドロップ」を使うことをお勧めします．フロントパネルが選ばれている状態でCtrl+スペース・キーを押すとウィンドウが現れます(図5-10)．キーワード，例えば「数値」を入れるといくつかの数値制御器/表示器の種類が並ぶので，希望のものをダブル・クリックするか，矢印キーで移動してEnterキーを押します(図5-11)．その後，マウスでフロントパネル上に制御器を置きます．IMEがOFFのときは，「nc」(Numeric Controlの頭文字)と入れると数値制御器になります．ただし，この場合テーマは選べません．

　「時間波形」グラフをコピーして増やします．Ctrlキーを押しながらドラッグするか，選択しておいてコピー(Ctrl+C)，ペースト(Ctrl+V)してください．ラベルは「パワースペクトル」にします(図5-12)．

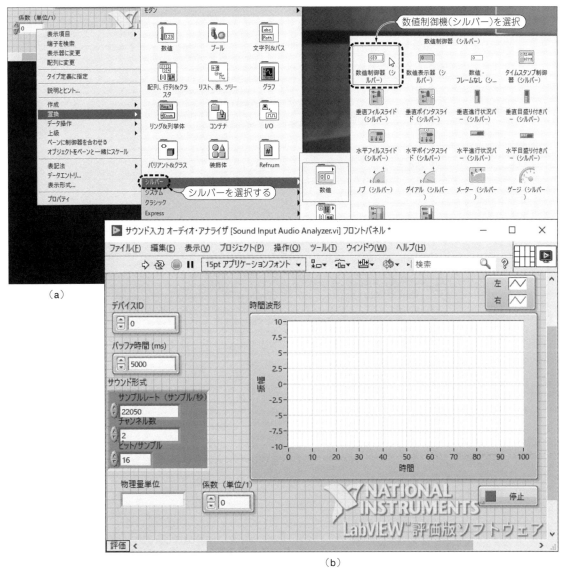

図5-9 シルバーの数値制御器に置換

ワンポイント・アドバイス ── Ctrlキーの活用

たいていの部品は，Ctrlキーを押しながらドラッグするとコピーできます．コピーしようとしてノードをつかみ損ねると，スペースが空いてしまいます．何もない場所でのCtrl＋ドラッグは，スペースを空ける操作です．Ctrl＋Alt＋ドラッグでスペースを詰めることができます．

5-1 周波数解析プログラムの作成

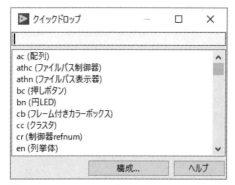

図5-10 クイックドロップ

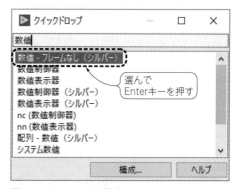

図5-11 キーワードで検索

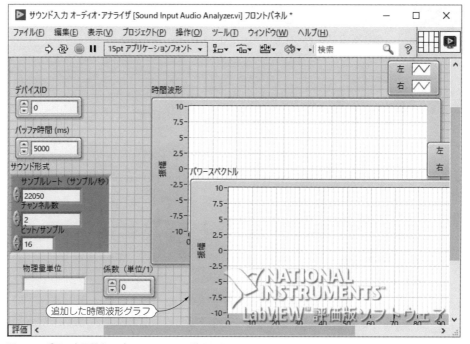

図5-12 グラフ表示器をコピー&ペーストで増やした

　パワースペクトルのグラフの横軸にあるスケール・ラベルを「時間」から「周波数」に変更し，ウィンドウの大きさやレイアウトを整えます．また，「バッファ時間(ms)」に「100」，「物理量単位」に[V]，「係数」に「1」を入力したら，「編集」メニューの「現在の値をデフォルトにする」を選びます（図5-13）．これでフロントパネル上のすべての制御器と表示器の値がデフォルトとして記憶されます．特定の制御器だけデフォルト値を変更したいときは，ポップアップして「データ操作」→「現在の値をデフォルトにする」を選びます（図5-14）．すべての設定ができたら（図5-15），一旦保存しましょう．「ファイル」メニューの「保

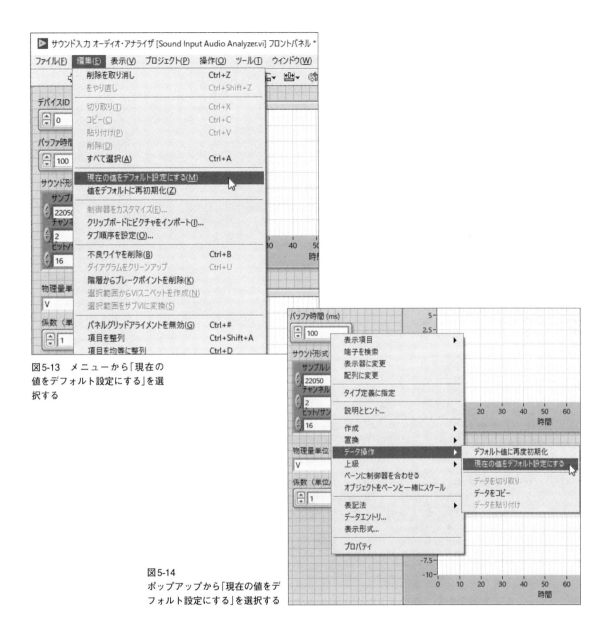

図5-13 メニューから「現在の値をデフォルト設定にする」を選択する

図5-14 ポップアップから「現在の値をデフォルト設定にする」を選択する

存」またはCtrl+Sでできます．

● ダイアグラムの改造

　ダイアグラムは，図5-16のようになりました．正方形のアイコンになっているターミナルはパネル制御器の種類までわかって便利ですが，多少スペースが広くなるので，慣れてきたら小さくしておきたいところです．ターミナルでポップアップして，「アイコンとして表示」を選んでチェックを外すと小さ

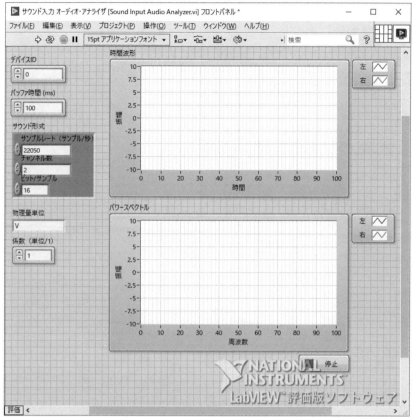

図5-15
パネルのレイアウト

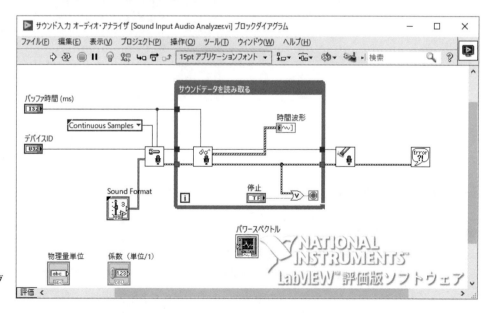

図5-16
ブロックダイアグラム

168　第5章　オーディオ信号解析VIを作る

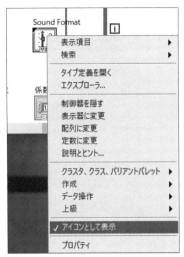

図5-17
ターミナルの大きさを変更する

くなります(図5-17).もちろん好みなので,どちらでもかまいません.新たに作る制御器のターミナルをどちらにするかは,「ツール」メニューの「オプション」で「ブロックダイアグラム」カテゴリで選べます(図5-18).

バッファ時間はI32,デバイスIDはU32,係数(単位/1)はDBL,停止ボタンはTF,物理量単位がabcと書かれています.これはデータ・タイプを表します.I32は符号付き32ビット整数,U32は符号なし32ビット整数,DBLは倍精度浮動小数点数,TFはブール型(2値のデータ型),abcは文字列です.時間波形とパワースペクトルがカギカッコで囲われているのは,配列であることを示します.また,四角の外枠が細いものが表示器で,太いものが制御器です.

ワンポイント・アドバイス ── ターミナルとワイヤの色

ターミナルとワイヤの色は,データ・タイプごとに違います.整数は青,浮動小数点数はオレンジ,文字列はピンク,ファイル・パスやリファレンスは青緑,リソースは紫色です.ちなみに,制御器の右端には右向きの黒い三角印が,表示器には左側に左向きの三角印があることでも見分けがつきます.

Whileループの右下隅をドラッグして大きくします(図5-19).ウィンドウの大きさを調整して,ターミナルもレイアウトし直します(図5-20).

Sound Formatでポップアップして「クラスタ,クラス,バリアントパレット」から「名前でバンドル解除」を選びます(図5-21).ポップアップのこのメニュー項目はデータ・タイプに応じて変化し,関連の高い関数が並ぶようになっています.

「名前でバンドル解除」はクラスタ内の要素を,ラベル名を参照して取り出すための関数です.クリッ

5-1 周波数解析プログラムの作成

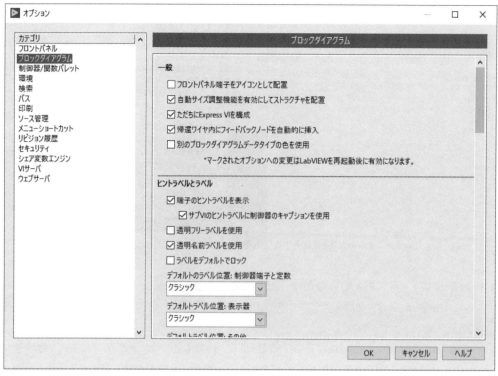

図5-18 オプション画面で今後のアイコン表示を切る

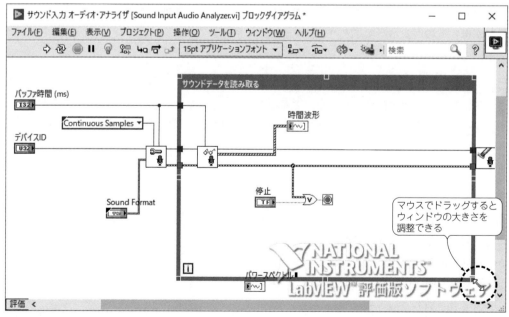

図5-19 Whileループを右下へ拡大

170　第5章　オーディオ信号解析VIを作る

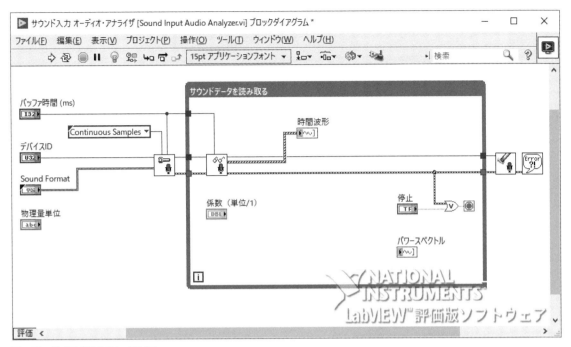

図5-20　ダイアグラムのレイアウト

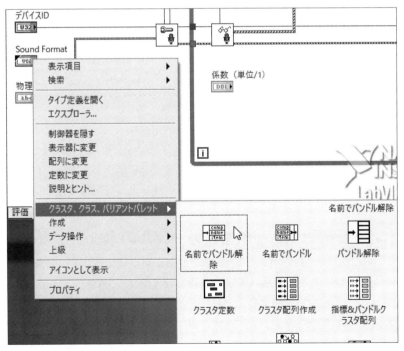

図5-21　名前でバンドル解除

5-1　周波数解析プログラムの作成　　171

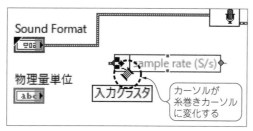

図5-22　端子でクリック

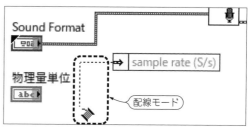

図5-23　マウスを移動

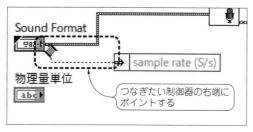

図5-24　ターミナルをポイントする

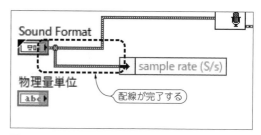

図5-25　クリックして配線していく

クして候補のリストを出したり，ふちをドラッグして要素数を増減できます．ここではsample rate（S/s）のままにします．

ワンポイント・アドバイス —— バンドル

「バンドル」とはいくつかのデータをクラスタにまとめることを指し，それを解除すると中のデータ要素が個別に取り出せます．

「名前でバンドル解除」の端子にポイントする（マウス・カーソルを重ねる）とカーソルが糸巻きの形に変わります（図5-22）．そこで一度クリックすると，配線モードになります（図5-23）．Sound Formatの右端にポイントすると点滅する（図5-24）ので，もう一度クリックして配線を完了します（図5-25）．

ワンポイント・アドバイス —— 糸巻きカーソルのホット・ポイント

糸巻きカーソルのホット・ポイントは，糸巻きから出ている糸の先です．配線は，データを出す側と受ける側のどちらからでも始められます．既存のワイヤから分岐（ワイヤでポップアップしてメニューを選択）したりワイヤに配線することもできます．

ワイヤの折れ曲がりは自動的に行われますが，気に入らなかったら結線後にドラッグして移動します．端子やノードを移動してもワイヤはついてきます．

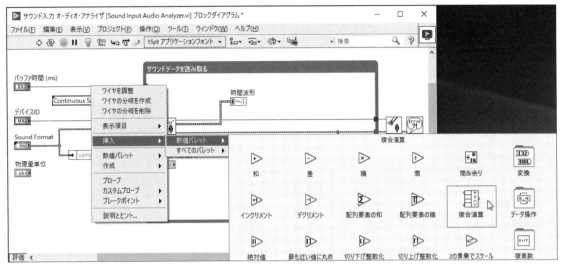

(a) ワイヤ上に複合演算を挿入する

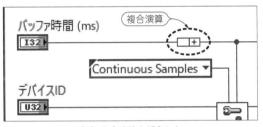

図5-26 複合演算を挿入する　　(b) 複合演算を挿入した

ワンポイント・アドバイス ── 配線の折れ曲がりを作る

配線の途中でクリックするとそこで一旦固定され，折れ曲がりを作ることができます．また，スペース・キーを押すと曲がり方を変えられます．途中でキャンセルしたいときは，右クリックします．

「バッファ時間(ms)」ターミナルから出ているワイヤ上でポップアップして，「挿入」→「数値パレット」→「複合演算」を選びます（図5-26）．すると，ワイヤの途中に演算子が追加されます．演算子のふちにポイントするとカーソルの形が上下矢印に変わるので，ドラッグして入力端子を3つに増やします．演算子の＋記号にポイントし，カーソルが人差し指の形に変わったらクリックするとメニューが出ます．「モードを変更」→「積」を選ぶと，演算記号が×に変わります（図5-27）．

「バッファ時間(ms)」ターミナルと演算子を少し上に移動し，2番目の入力端子と「名前でバンドル解

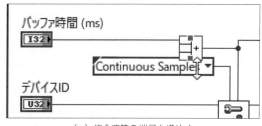
（a）複合演算の端子を増やす

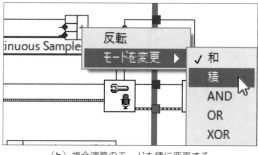
（b）複合演算のモードを積に変更する

図5-27　複合演算の設定

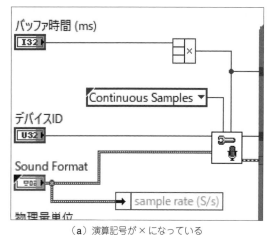
（a）演算記号が×になっている

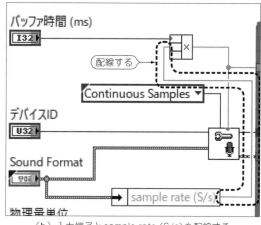
（b）入力端子とsample rate (S/s)を配線する

図5-28　複合演算にサンプル・レートを配線する例

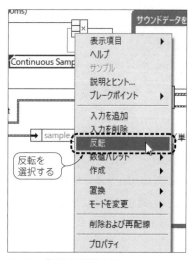
図5-29　「反転」を選択する

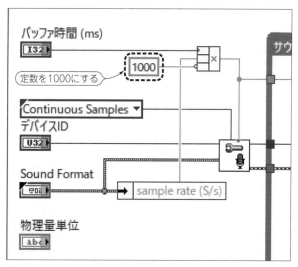
図5-30　レイアウトを整える

除」の「sample rate (S/s)」を配線します(図5-28).

3番目の入力端子でポップアップして「反転」を選びます(図5-29).これでこの入力データは逆数をとってから演算されます.もう一度ポップアップして「作成」→「定数」を選ぶと,定数が追加されるので値を1000にします.

ワンポイント・アドバイス —— 定数のデータ・タイプ

作成される定数のデータ・タイプはLabVIEWが予想したものになります.もし希望と違う場合は,作った後で変更します.

これで[バッファ時間(ms)]×[サンプル・レート]÷[1000]の演算になり,結果はバッファ・ポイント数です.適当にレイアウトを整えましょう(図5-30).このとき,1番目の入力端子に小さな赤い三角印がついているのに気がついたでしょうか.ほかにもいくつかありますね.これは強制ドットといって,LabVIEWがデータ・タイプを強制的に変更したことを示します.

ワンポイント・アドバイス —— 自動的にデータ・タイプを揃える機能

C言語では,違うデータ・タイプの演算をしようとするとエラーになります.LabVIEWは自動的にデータ・タイプを揃えてエラーを防ぎますが,なるべくなら強制ドットがつかないようにデータ・タイプを設計したいものです.

同じように操作して,「サウンド入力読み取り」VIから出ている波形データ・ワイヤの途中に「複合演算」を挿入して「積」に変更し,2端子にして「係数(単位/1)」を接続します(図5-31).

ワンポイント・アドバイス —— 複合演算

「複合演算」は,四則演算や論理演算,また入力端子を1～nまで自由に定義できます.「反転」は入出力とも設定でき,演算が「和」のときは符号の反転,「積」のときは逆数(1/x),論理演算のときは「NOT」となります.

茶色いはしご状のワイヤは,波形データ・タイプの配列(2チャネル分)です.それと単独の数値[スカラ(scalar)と呼ぶ]を演算すると,データ配列のみが対象になり,他の要素は影響を受けません.つまり,振幅だけの倍率を変更できます.

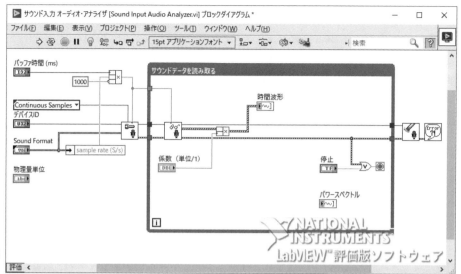

図5-31
「係数(単位/1)」を接続する

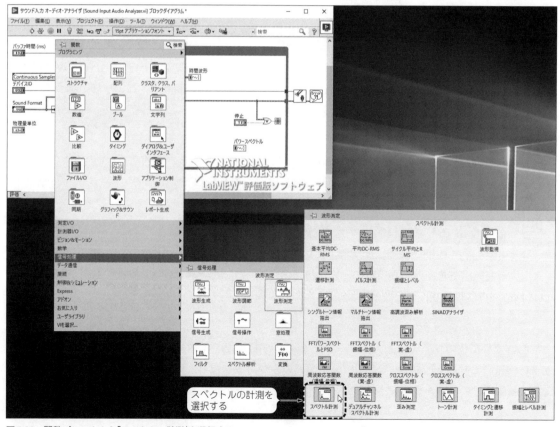

図5-32　関数パレットから「スペクトル計測」を選択する

176　第5章　オーディオ信号解析VIを作る

ワンポイント・アドバイス —— スカラ演算

これは波形データ・タイプだけの特権です．通常のクラスタ（要素は数値のみ）でスカラを演算するとすべての要素が影響を受けます．数値配列をスカラで演算すると，配列内の全インデックスのデータをスカラ値で演算した結果が配列として出てきます．配列と配列を演算すると，同じ要素番号同士を演算した結果が配列で得られます．このとき配列の長さが違うと短いほうに合わされます．

関数パレットをポップアップし「信号処理」→「波形測定」→「スペクトル計測」を選んで（図5-32），Whileループの中にドロップします（図5-33）．これはExpress VIなので，構成ウィンドウが現れます．そこでは「パワースペクトル」を選択し，「平均」にチェックを入れてください．その他は初期値でかまいません．結果=dB，窓=ハニング，モード=RMS，重み付け=指数，平均数=10，スペクトル生成=すべての反復，になっているはずです（図5-34）．

「時間波形」ターミナルへのデータ・ワイヤを分岐して「スペクトル計測VI」の「信号」入力に，スペクトル計測VIの「パワースペクトル」出力を「パワースペクトル」ターミナルに配線します（図5-35）．すると，「パワースペクトル」ターミナルの色が変わります．これは波形グラフ表示器が受け入れるデータ・タイプがいくつかあり，自動的に対応するからです．

ちょっとだけ凝って，フロントパネルに置いた「物理量単位」をグラフの縦軸のスケールラベルにも反映し，「振幅（(単位)）」になるようにしてみましょう．まず，ダイアグラムの「時間波形」ターミナルでポップアップして「作成」→「プロパティノード」→「Yスケール」→「名前ラベル」→「テキスト」を選びます（図5-36）．すると，プロパティノードが現れるので「物理量単位」ターミナルの近くに置きます（図5-37）．これは，「時間波形」グラフの属性を読み書きするためのプロパティノードです．最初は読み取り用に

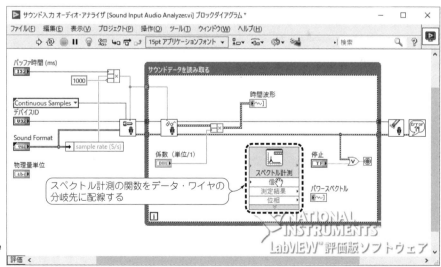

図5-33
スペクトル計測VIをWhile
ループの中に置く

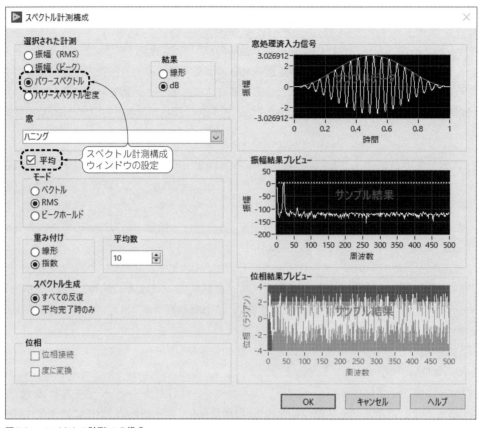

図5-34　スペクトル計測VIの構成

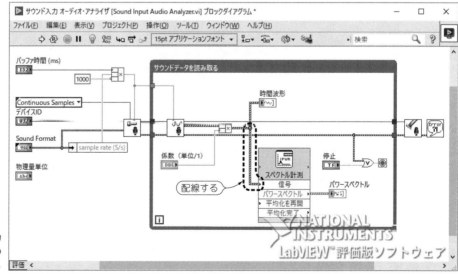

図5-35
パワースペクトル出力
をパワースペクトルの
ターミナルに配線する

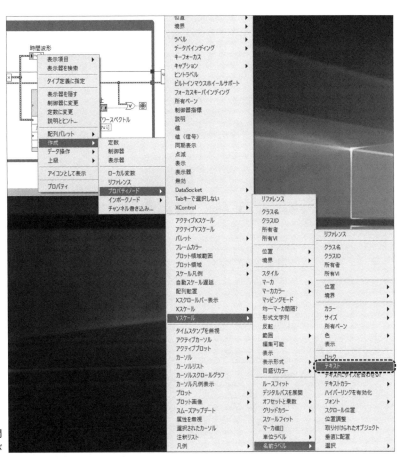

図 5-36
時間波形グラフのポップアップを展開して「名前ラベル」の「テキスト」を選ぶ

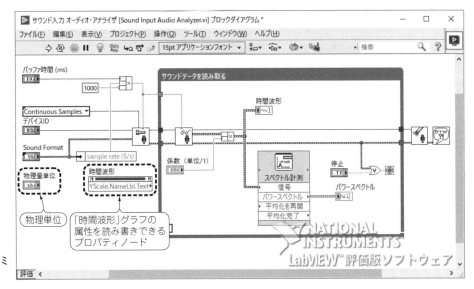

図 5-37
「物理量単位」をターミナル近くに置く

5-1 周波数解析プログラムの作成 179

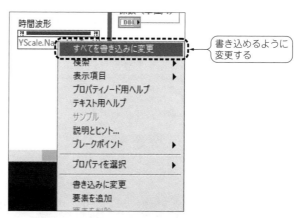

図5-38
「すべてを書き込みに変更」を選ぶ

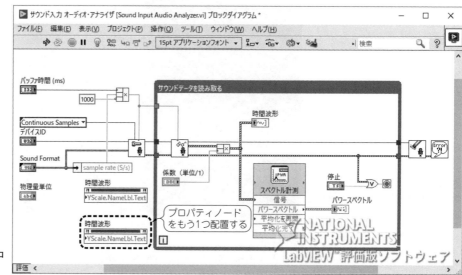

図5-39
プロパティノードをコピーして貼り付ける

なっているので，ノードでポップアップして「すべてを書き込みに変更」を選びます(図5-38)．今度は，プロパティノードをコピーしてもう一つ貼り付けます(図5-39)．コピーしたノードでポップアップして「リンク先」→「Pane」→「パワースペクトル」を選びます(図5-40)．これでノードが参照する先が「パワースペクトル」グラフになります(図5-41)．

ワンポイント・アドバイス —— プロパティノードに関する注意点

　このプロパティノードは制御器に静的にリンクされているタイプで，同一VI内でしか使えません．リファレンスを参照してリンクする方法もあり，LabVIEW本体を含めたあらゆるオブジェクトの属性をプログラム的に読み書きできます．中級テクニックなので，ここでは扱いません．

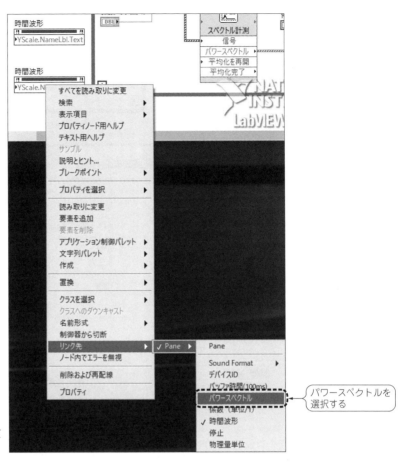

図5-40
リンク先を「パワースペクトル」に変更する

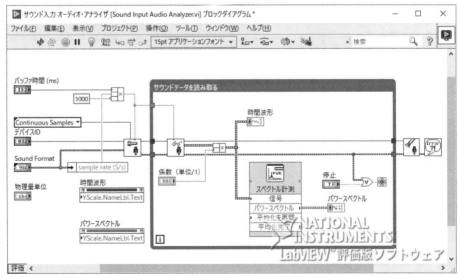

図5-41
パワースペクトル・グラフのプロパティノード

5-1 周波数解析プログラムの作成　　181

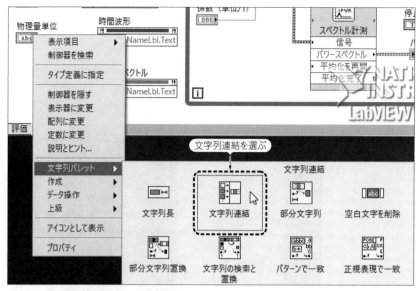

図5-42 ターミナルに関連する関数を選ぶ

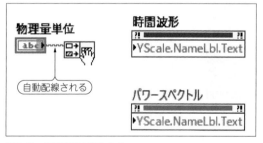

図5-43 自動配線が行われる

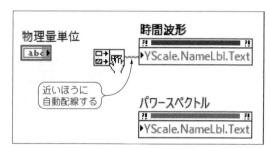

図5-44 近いノードへ自動配線される．違う場合はマウスで修正する

「物理量単位」ターミナルでポップアップして「文字列パレット」→「文字列連結」を選びます（図5-42）．関数をダイアグラムに置こうとすると，LabVIEWが近くにあるノードと自動的に配線しようとします（図5-43）．複数のノードがあると，より近いほうにつなごうとします（図5-44）ので，希望するほうを選んで置いてください．

ワンポイント・アドバイス —— 自動配線のON/OFFの切り換え

スペース・キーを押すと，自動配線のON/OFFを一時的に切り換えられます．自動配線は，新たなノード（Ctrl＋ドラッグを使ったコピーも）を置くときに働きます．

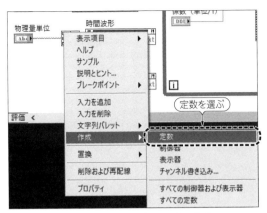

図5-45 入力端子でポップアップして定数を作成

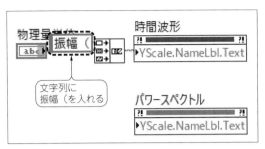

図5-46 定数に文字を入力

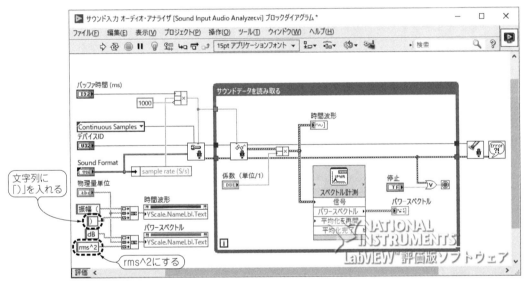

図5-47 スケール・ラベルを組み立てるコード

「文字列連結」関数の入力を3つに増やし，2番目の入力に「物理量単位」ターミナルを配線します．1番目の入力でポップアップして「作成」→「定数」を選びます（図5-45）．文字列には「振幅（」と入力します（図5-46）．

3番目の入力には「）」の文字列定数を入力して配線します．パワースペクトルのプロパティノードへの文字列連結関数は3入力にして，図5-47のように作ってください．ここまでできたら，Ctrl+Sで保存します．

5-1 周波数解析プログラムの作成　　183

5-2 作成したVIのテスト

● 動作を確認する

それでは，VIを実行してみましょう．もし，実行ボタンが破れているようなら，プログラムのどこかにミスがあります（図5-48）．この状態で実行ボタンをクリックするか，Ctrl+Lを押すと，エラーリストが現れ，プログラムの不具合な個所を示してくれます．上段にエラーがあるVI名，中段にその理由，下段に詳しい説明が表示されます（図5-49）．中段の説明をダブル・クリックするか「エラーを表示」ボタンをクリックするとダイアグラムの該当個所にジャンプして，エラーのあるノードを示してくれます（図5-50）．この例では，パワースペクトルのプロパティノードへの配線を忘れていました．

プログラム実行後にエラー・ダイアログが表示されたら原因を探してください．図5-51が出るときは，「デバイスID」で指定したデバイスが無効な場合です．例えば，デスクトップPCで，入力ジャックに何も接続していないと起こります．

無事にプログラムを実行でき，グラフの縦軸スケール・ラベルや波形が表示されるでしょうか．意図した動きになっていなければ，ダイアグラムに戻って確認してください．ノートPCなら内蔵マイクで何か音を拾っていると思います．デスクトップPCは，マイク入力にPC用ヘッドセットのマイクなどをつないでください．図5-52は，マイクに向かって口笛を吹いたところです．1800Hzに基本周波数成分があります．それより高い周波数にいくつか山があるのは，音がきれいに出せていないからでしょう．

図5-48 破れた実行ボタン．この状態ではプログラムを実行できない

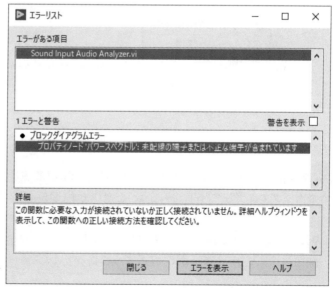

図5-49 エラー・リストを表示する

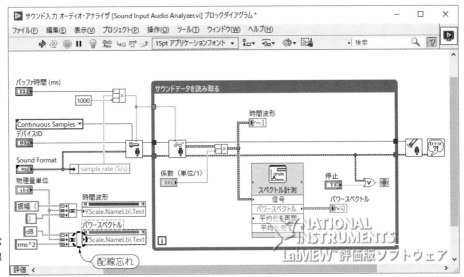

図 5-50
エラーの原因はプロパティ・ノードへの配線忘れだった例

図 5-51 デバイス・エラーのダイアログ

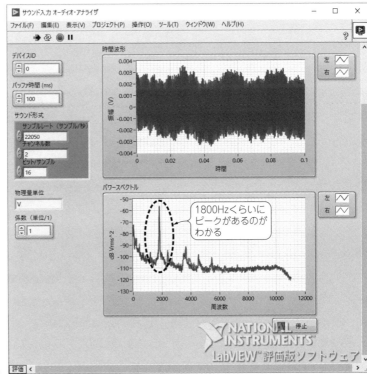

図 5-52
口笛の波形とスペクトラム

5-2 作成したVIのテスト　185

● **サウンド入力の実験**

ここで，少し実験をしてみましょう．マイク・ジャックに空のプラグ・パーツを挿し込んで無信号の状態にします（**図5-53**）．サンプル・レートを192000に，ビット/サンプルを24にして実行した結果が**図5-54**です．パワースペクトルにいくつかピークが立っていますが，これはPC内部のノイズと思われます．

図5-53
ダミー・プラグで外部マイクを選択

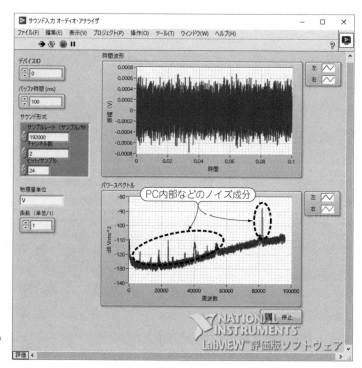

図5-54
無信号の状態を192000Hz，24ビットで取り込んだときの波形

ワンポイント・アドバイス ── ノートPCで入力ショートにする場合

入力ショートで測ろうとして，ダミー・プラグを短絡配線して差し込むと，ノートPCでは内蔵マイクに切り替わってしまうことがあるので注意してください．差し込んだ後で短絡するとうまくいくかもしれません．

サンプル・レートとビット数を変えてみましょう．48000Hz/24bitにした結果が図5-55，48000Hz/16bitにした結果が図5-56です．16ビットの時間波形には滑らかさがなく，3E−5くらいが最小変化量のように見えます．最大範囲が±1なら幅は2ですから，$2 \div 3E-5 \fallingdotseq 66667$ で，16ビットのダイナミック・レンジ $2^{16} = 65536$ と近いです（係数の校正がまだなのでこの計算は大雑把）．24ビットは，それよりも微小な変化が表示できています．スペクトルを見ると192000Hzのときよりノイズが少ないことと，ローパス・フィルタのような特性が見えます．カットオフ周波数は22kHzくらいなので，アンチ・エイリアシング・フィルタかもしれません．

試しに100000Hz/32bitという，半端な形式を指定してもちゃんとデータが取れ，ローパス・フィルタもサンプル・レートの1/2くらいになります（図5-57）．いろいろな組み合わせを試した結果，サンプル・レートは100Hz以上なら受け付けてくれましたが，ビット数は8，16，24，32だけOKで，それ以外はエラーになりました．

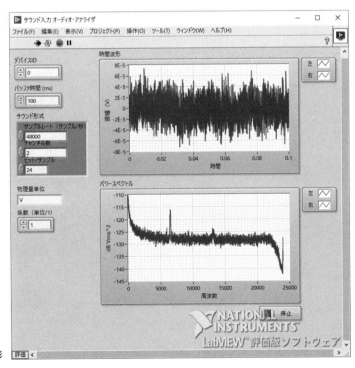

図5-55
48000Hz，24ビットで取り込んだ波形

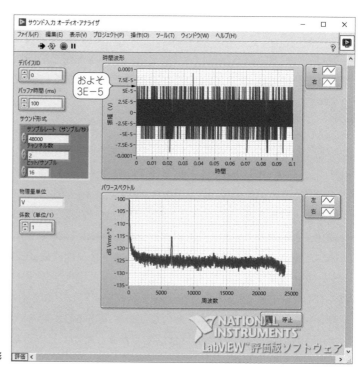

図5-56
48000Hz，16ビットで取り込んだ波形

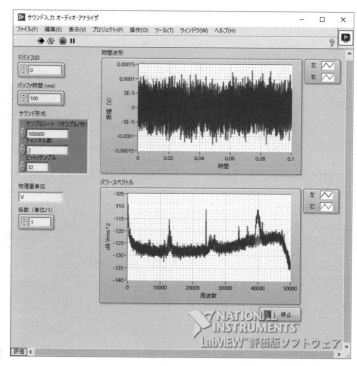

図5-57
100000Hz，32ビットを指定しても動作した

188　第5章　オーディオ信号解析VIを作る

ところで現在は，マイクのプロパティ画面の「詳細」タブで，「既定の形式」に，24ビット/192000Hzを指定してあります（**図5-58**）．

これを24ビット/48000HzにしてOKボタンをクリックします（**図5-59**）．アナライザを192000Hz/

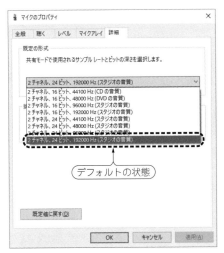

図5-58　現在のマイクのプロパティ

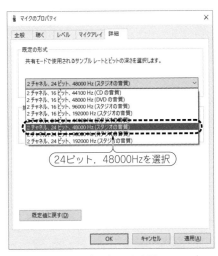

図5-59　マイクのプロパティを変更

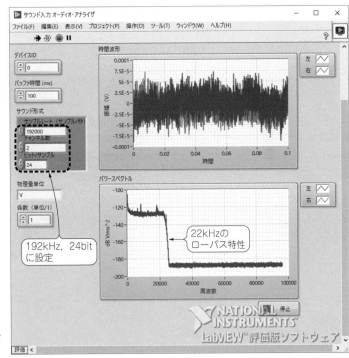

図5-60
プロパティで48000Hz，VIでサンプルレートを192000Hzを指定して測定した

5-2　作成したVIのテスト　189

24bitで実行すると，22kHzのローパス特性が現れます(図5-60)．時間波形を拡大してみると滑らかです(図5-61)．これは，48000Hzでサンプリングされたデータをポイント数が4倍になるようにスプライン・フィットしたものと推測できます．また，アナライザを48000Hz/24bitで実行すると，ローパス特性が認められません(図5-62)．

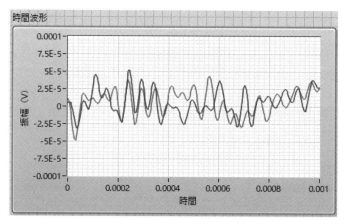

図5-61
時間波形を拡大したところ

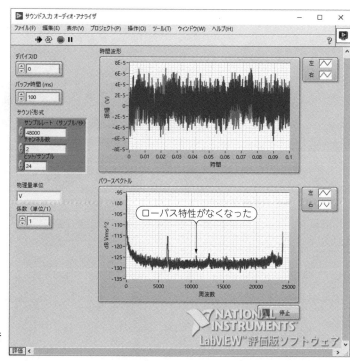

図5-62
プロパティで48000Hz，VIでも48000Hzで実行するとローパス特性がなくなる

今度はプロパティ画面の「既定の形式」を16ビット/48000HzにしてOKします(**図5-63**).アナライザを48000Hz/24bitで実行すると,ローパス特性がないのは同じですが,時間波形の滑らかさがなく16ビットのようです(**図5-64**).

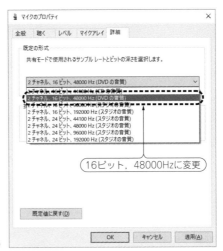

図5-63
プロパティで16ビット,48000Hzに変更する

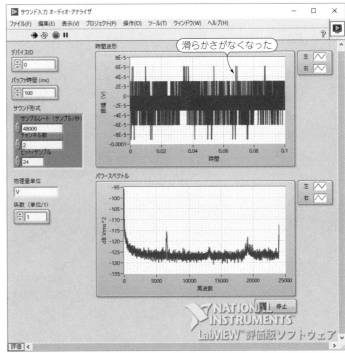

図5-64
24ビット指定なのに16ビット相当の波形

デスクトップPCのサウンド・システムでも同様でした．オンボード・サウンドのマイクのプロパティを見ると16ビットにしか対応していないことがわかります（図5-65）．16ビット/48000Hzに設定してOKし，アナライザVIで48000Hz/16bitを指定するとローパス特性が見られ，これは最初のノートPCと違います（図5-66）．48000Hz/24bitにしても波形データは変わりません（図5-67）．拡大して調べると16ビットの分解能しかありませんでした．ちなみにスピーカのプロパティを見ると，24ビット/192000Hz

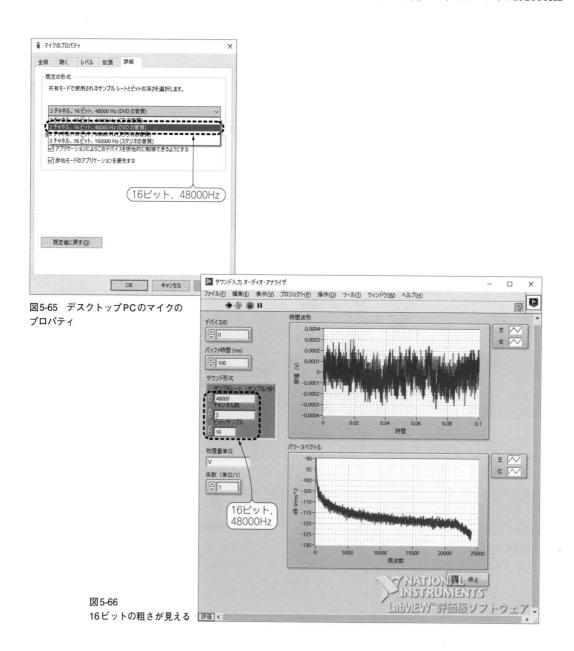

図5-65 デスクトップPCのマイクのプロパティ

図5-66
16ビットの粗さが見える

まで対応していました(図5-68).

ここでは図を示しません(後ほど測定対象にします)が,マイク入力のサンプルレートがプロパティの設定を無視して16000Hzに固定されているような動きをする(ローパス特性がそのようにふるまう)PCもありました.

以上のことをまとめると,次のような仮説を立てることができます.

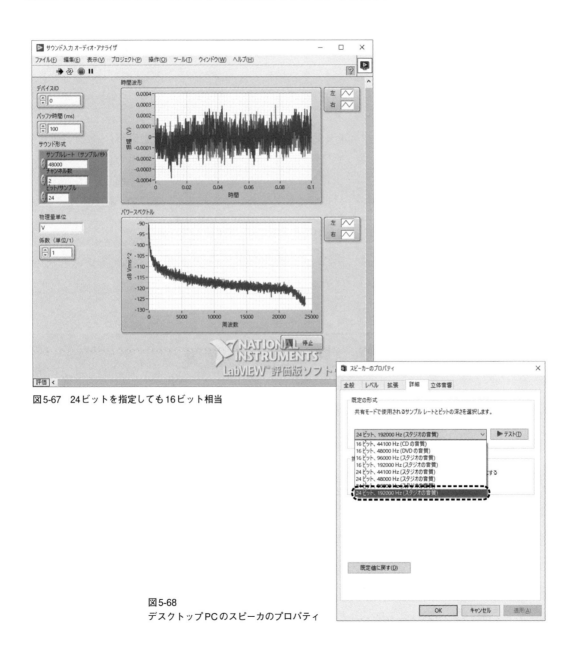

図5-67　24ビットを指定しても16ビット相当

図5-68
デスクトップPCのスピーカのプロパティ

（1）A-Dコンバータはプロパティ画面の「既定の形式」で指定したビット数とサンプル・レートで動作する．これを生データとする．
（2）LabVIEW（HD Audioの論理コントローラかもしれない）が，ユーザ（アプリケーション・プログラム）から要求されたサンプルレートとビット数に変換してデータを返す．
（3）生データのサンプルレートまたはビット数がユーザ要求より低い場合，リ・サンプルと補間（スプライン）を行ってデータを生成する．
（4）アンチ・エイリアシング・フィルタらしき演算も行い，そのときユーザ要求または生データのサンプル・レートのうち低いほうの1/2弱がカットオフ周波数になる．

したがって，データ集録に利用する場合は，プロパティの「既定の形式」で最高のビット数とサンプルレートを設定しておき，LabVIEWからは「指定の形式」以下のサンプルレートとビット数を使ってデータを読み込むのがよさそうです．

本来，アンチ・エイリアシング・フィルタは，A-Dコンバータの前になければいけません．コーデック用のチップがサンプル・レートに従って自動的にフィルタの定数を変えているとは思えません．PCのサウンド・システムに，そこまでのコストはかけられないでしょう．それならば，なるべく高速なレートでサンプリング（オーバーサンプリング）しておき，ダウン・コンバート時のフィルタ演算によって，エイリアシングによる不要なイメージ成分のレベルを下げることにしましょう．

ちなみに，この時点ではパワー・スペクトラムのレベルは不正確です．校正するためには振幅がわかっている信号が必要です．シグナル・ジェネレータを持っている方はそれを使ってもよいですが，なくてもPCのサウンド出力とマルチメータ（ディジタル・テスタ）があれば，それなりに正確な校正ができます．

5-3　アイコンの編集

アイコンの編集をしてみましょう．VIの右上にあるアイコンをダブル・クリックするか，ポップアップして「アイコンを編集」を選びます．すると，アイコンエディタが開きます（図5-69）．テンプレートやレイヤ機能を備えた本格的なエディタです．詳しい使い方は，右下の「ヘルプ」ボタンをクリックして出るLabVIEWヘルプを参照してください．ここでは手順だけ説明します．

右下のカラー・ボックスのうち，右下の赤をクリックして出るパレットの中から「色の選択」ボタンをクリックします．「色の選択」画面で白色を選んでOKします（図5-70）．「塗りつぶし長方形」ツールをダブル・クリックすると，アイコンが黒枠と白地に塗りつぶされます（図5-71）．

「アイコンテキスト」タブで「フォント」を「Segoe UI Bold Italic」の11ポイントにして，「テキストを中央に配置」と「テキストを大文字にする」のチェックを外します．「ライン1テキスト」にSound，ライン2テキストにSpect-，ライン3テキストに「　　　rum」（先頭は半角スペース6個）を入力します（図5-72）．

文字が下に寄っているのはテンプレートのせいなので，「テンプレート」タブで適当なテンプレートを

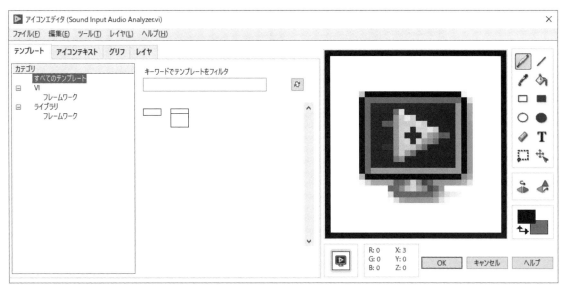

図5-69　LabVIEWのアイコンエディタ

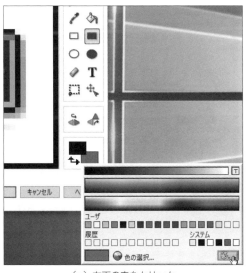

（a）右下の赤をクリック

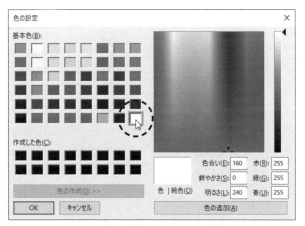

（b）「色の選択」画面で白色を選ぶ

図5-70　カラー・パレットで色を選択する

クリックし，もう一度クリックして選択を解除します(図5-73)．
「グリフ」タブでキーワードに「スペクトル」と入力し，残ったグリフをクリックしてアイコンの左下にドロップします(図5-74)．OKボタンでアイコン・エディタを閉じます．

5-3　アイコンの編集　　195

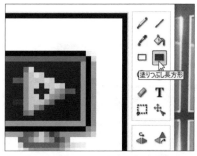

（a）「塗りつぶし長方形」ツールをダブル・クリック

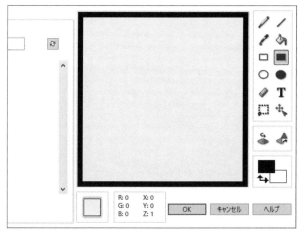

（b）アイコンが黒枠と白地に塗りつぶされる

図5-71　アイコンを塗りつぶす

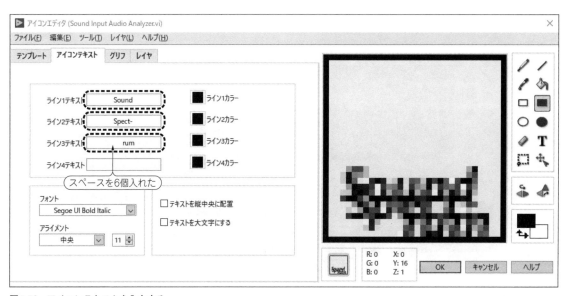

図5-72　アイコンテキストを入力する

ワンポイント・アドバイス —— 簡単にアイコンを作るには

　画像ファイルをフロントパネルのアイコン領域にドラッグ＆ドロップすると縮小画像がアイコンになります．また，ほかのVIのフロントパネルのアイコンをドラッグ＆ドロップするとコピーできます（レイヤは結合される）．

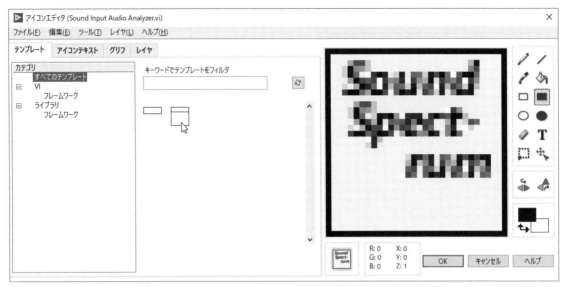

図5-73　テンプレートの適用を解除する

図5-74　グリフをドロップする

5-3　アイコンの編集

第6章

テスト信号出力VIを作る

　本章では，テスト信号出力VIを作成します．正弦波ジェネレータが基本になりますが，拡張してファンクション・ジェネレータにします．さらに，ひずみ率計も作成します．

▶ 本章の目次 ◀

6-1　正弦波ジェネレータの作成

6-2　ファンクション・ジェネレータの作成

6-3　歪率計の作成

6-1　正弦波ジェネレータの作成

● サンプルVIの確認

　テスト信号を出力するVIを作りましょう．サンプル・ファインダを呼び出して，「サウンド」→「サウンド生成」をダブル・クリックします（図6-1）．

　VIのフロントパネルが開く（図6-2）ので，「音量」を適当に下げてから実行してください．PCのスピーカから音が出ればOKです．「周波数」と「音量」を変更して，どう変わるか確認してください（図6-3）．

　確認が済んだら「停止」ボタンで止めて，Ctrl＋Eキーでブロックダイアグラムを表示させます（図6-4）．このVIは，サンプルレート44100Hz，16ビット分解能で，左右2チャネルとも同じ周波数（500Hz）の正弦波を出力します．音量は「サウンド出力音量設定」VIで調整できますが，スピーカ・プロパティのレベルやタスクバーの音量ボリュームとは連動していないようですし，音量と実際の信号レベルがどう対応しているか不明です．また，波形データは「信号シミュレーション」Express VIで作られていて，サンプルレートと生成するポイント数がExpress VIの構成パネルを開かないと変更できません（図6-5）．これらをフロントパネルから適宜変更できるようにしてみます．パラメータは，第5章で作ったアナライザVIと同じ考え方で設定できるようにします．

図6-1
サンプルファインダから
サウンド生成を開く

200　第6章　テスト信号出力VIを作る

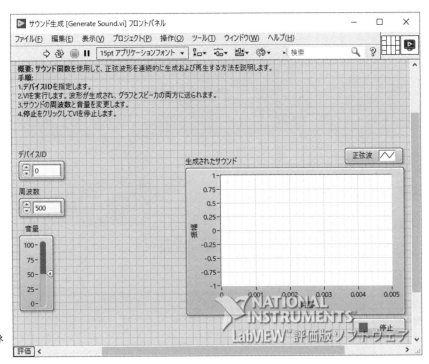

図6-2
サウンド生成VIのフロントパネル

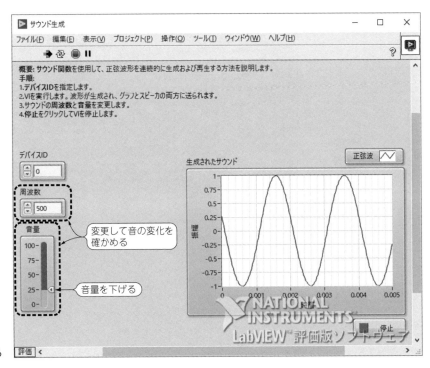

図6-3
サウンド生成の動作を確認する

6-1 正弦波ジェネレータの作成

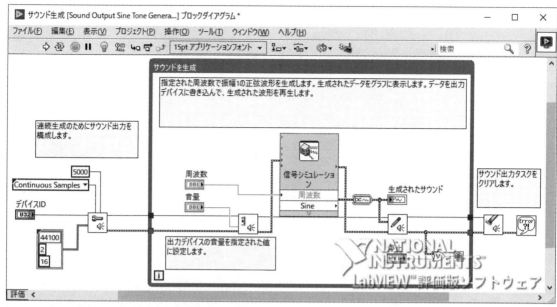

図6-4　サウンド生成VIのブロックダイアグラム

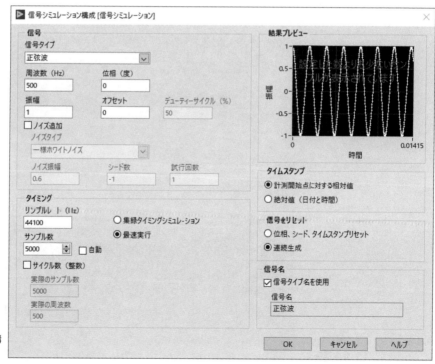

図6-5
信号シミュレーションの構成ウィンドウ

202　第6章　テスト信号出力VIを作る

● サンプルVIを改造する

サンプルのサウンド生成VIを保存します(図6-6). アナライザVIと同じ場所を選んで, Sound Output Sine Tone Generator.vi とでも名付けてください(図6-7).

ダイアグラム上で, コメント文と「音量」ターミナル,「サウンド出力音量設定」VI,「信号シミュレーション」Express VIと変換関数を削除します(図6-8). ターミナルを削除すると, 対応する制御器も一緒に削除されます. フロントパネルのコメント文を削除してレイアウトを調節してください(図6-9).

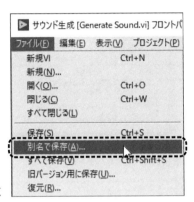

図6-6
「別名で保存」メニューを開く

図6-7
フォルダとファイル名を指定して保存する

6-1 正弦波ジェネレータの作成

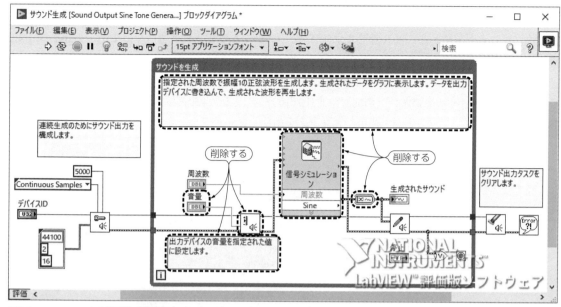

図6-8　Express VIと変換関数を削除する

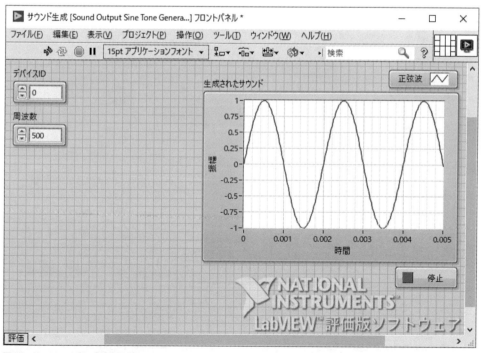

図6-9　フロントパネルを修正する

204　第6章　テスト信号出力VIを作る

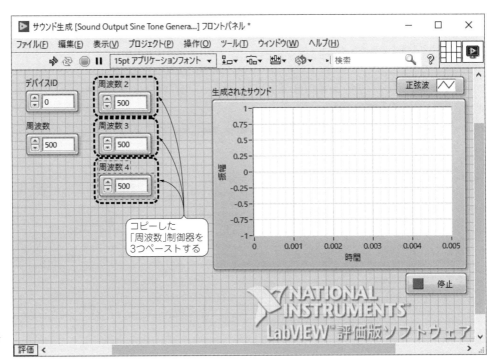

図6-10
周波数制御器を
3つコピーする

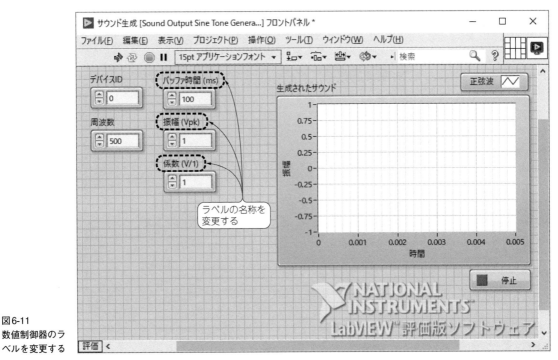

図6-11
数値制御器のラ
ベルを変更する

6-1 正弦波ジェネレータの作成　205

「周波数」制御器をコピー（Ctrl＋ドラッグまたはCtrl＋CとCtrl＋V）して，制御器を3つ作ります（図6-10）．ラベルは元のラベル名＋自動連番になっているので，それぞれ変更して値を変えます．一つめは「バッファ時間(ms)」で値が「100」，二つめは「振幅（Vpk）」で値が「1」，三つめが「係数（V/1）」で値が「1」です（図6-11）．その状態で「編集」メニューから「現在の値をデフォルト設定にする」を選ぶと，初期値が設定されます（図6-12）．

ダイアグラムで，「Sound Format」定数の枠でポップアップして「制御器に変更」を選びます（図

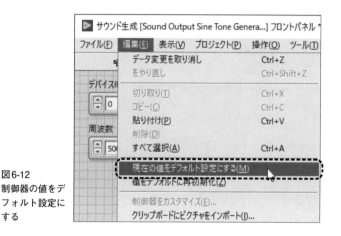

図6-12
制御器の値をデフォルト設定にする

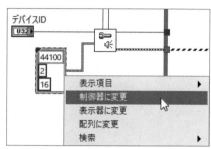

図6-13　定数を制御器に変更する

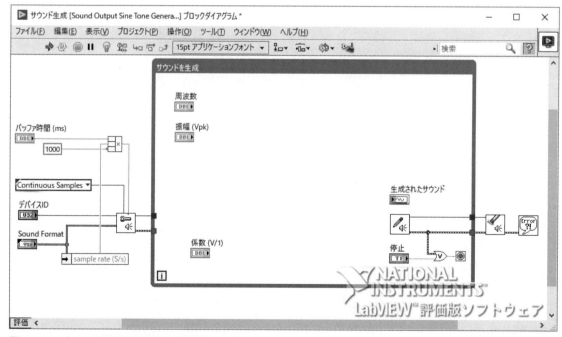

図6-14　ターミナルの位置と破損ワイヤを削除する

6-13)．

先ほどのアナライザVIと同じようにして，「Sound Format」クラスタのsample rate（S/s）要素と「バッファ時間（ms）」から，一度に処理するデータ・ポイント数を計算し，「サウンド出力構成」VIの「サンプル数/CH」入力に接続するコードを作成してください．フロントパネルでコピーした制御器のターミナルをWhileループ内に移動します．Ctrl+Bでワイヤの残骸を一括削除できます（**図6-14**）．

Whileループ内にあるターミナルはVIの実行中に繰り返し読み取られるので，フロントパネル上で制御器を操作するとプログラムの動作に反映されます．対してWhileループより前に読み取られるターミナルの値はVIを実行した直後に読み取られるだけなので，実行中に変更しても無効です．

Ctrl+スペース・キーでクイックドロップを呼び出し，「正弦波」をキーワードに入れて出る候補のうち，「正弦波形［NI_MABase.lvlib］」をダブル・クリックして，ダイアグラムに置きます（**図6-15**）．このVIは，正弦波を生成するためのパラメータを細かく与えることができます（**図6-16**）．

VIのコネクタへポイントするとコネクタの名前がポップアップするとともに，ヘルプ・ウィンドウ内のコネクタも点滅するので，どちらかを参考にしながら配線します（**図6-17**）．「周波数」と「振幅」のほか，「エラー入力」，「エラー出力」，「信号出力」などを配線します．Whileループ内を**図6-18**のとおりに配線してください．

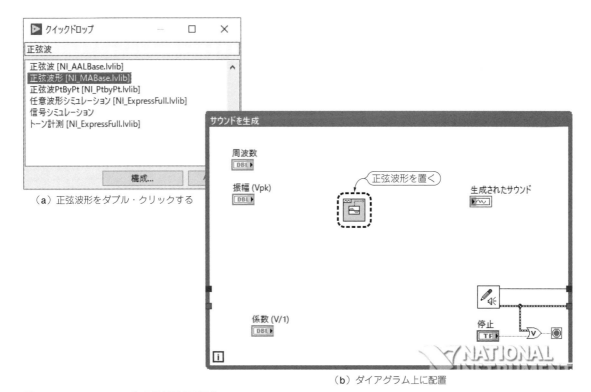

図6-15　クイックドロップで正弦波形を配置する

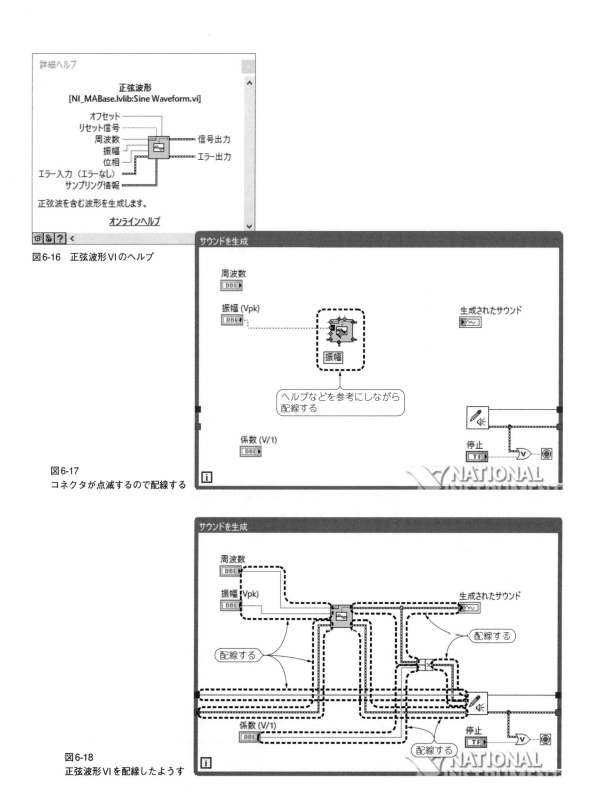

図6-16 正弦波形VIのヘルプ

図6-17 コネクタが点滅するので配線する

図6-18 正弦波形VIを配線したようす

クイックドロップを呼び出し,「バンドル」をダブル・クリックして(図6-19),バンドル関数を貼り付けます(図6-20).バンドル関数の入力には,「sample rate (S/s)」と「サンプル数/CH」を接続します.出力を「正弦波形」VIの「サンプリング情報」コネクタに配線します(図6-21).

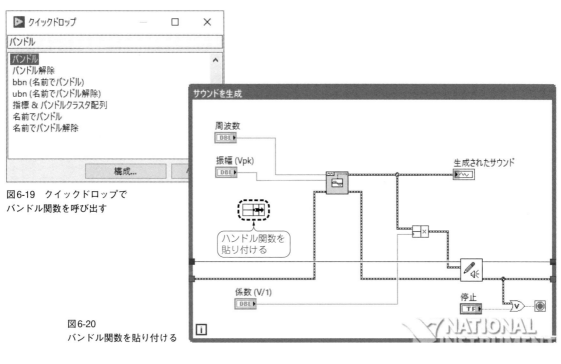

図6-19 クイックドロップで
バンドル関数を呼び出す

図6-20
バンドル関数を貼り付ける

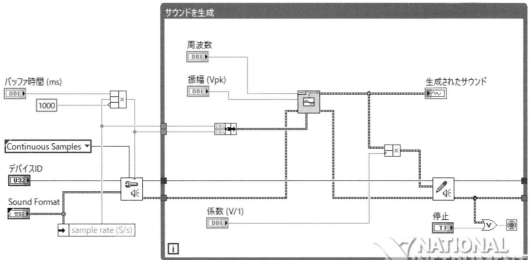

図6-21 ダイアグラムの配線が終わったところ

6-1 正弦波ジェネレータの作成

波形データは1チャネル分だけ作ってそのまま「サウンド出力書き込み」VIに渡されていますが，最初に2チャネルで構成してあるので，自動的に同じデータがコピーされて出力されます．フロントパネルは図6-22のようになります．
　VIプロパティの「ウィンドウの外観」カテゴリで，「ウィンドウタイトル」を，「サウンド出力 正弦波ジェネレータ」に変更し（図6-23），Ctrl＋Sで上書き保存しておきましょう．

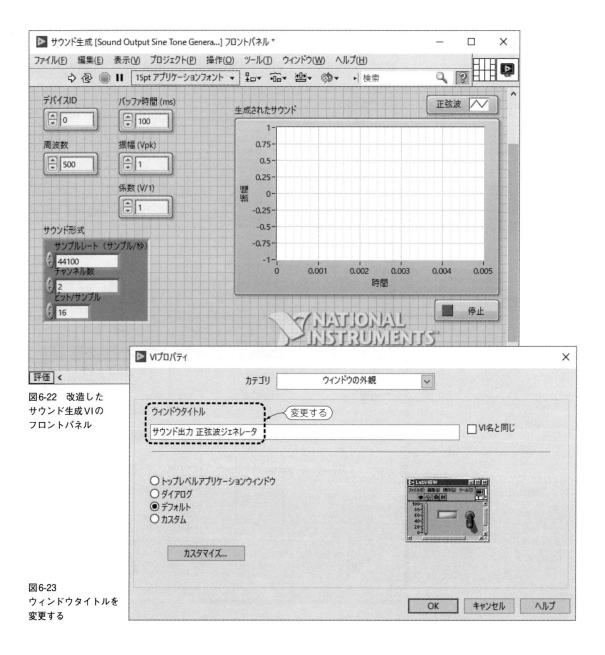

図6-22　改造したサウンド生成VIのフロントパネル

図6-23　ウィンドウタイトルを変更する

● 出力レベルを校正する

　PCのヘッドホンの出力ジャックから出る信号を，マルチメータ（ディジタル・テスタ）で測定しましょう．テスタ・リードの先端をワニ口クリップに変換するアダプタがあると便利です（図6-24）．

　両端がステレオ・ミニ・プラグのケーブルをヘッドホンの出力ジャックに挿して，信号をテスト・リードで当たれるようにします（図6-25）．マルチメータは安価なものでもかまいませんが，AC電圧測定の周波数を確認してください．一般的に，400Hzくらいまでは対応範囲だと思います．筆者の手持ちのマルチメータは，20kHzまで測れるものでした（図6-26）．マルチメータの対応周波数が低い場合は，出力するジェネレータの周波数も低く設定してください．

> **ワンポイント・アドバイス — ライン出力とライン入力**
>
> デスクトップPCでライン出力とライン入力が使える場合は，ヘッドホン出力＝ライン出力，マイク入力＝ライン入力，としてもOKです．サウンドプロパティでデバイスが有効なことと，レベルが0dBであることを確認してください．

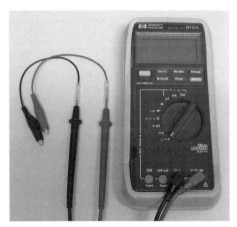

図6-24　テスタ・リードにアダプタを付けてワニ口クリップにする

図6-25　PCのヘッドホン出力をテスタで測定する

図6-26
テスタが対応するAC周波数

6-1　正弦波ジェネレータの作成

スピーカのプロパティでは，最高のビット数とサンプルレートにしてありました．ここでは24ビット/192000Hzです(図6-27)．ジェネレータでも192000Hz/24bitを使うことにして，「サウンド形式」に入力し，VIを実行します(図6-28)．

図6-27
スピーカのプロパティ設定で
サンプルレートを選択する

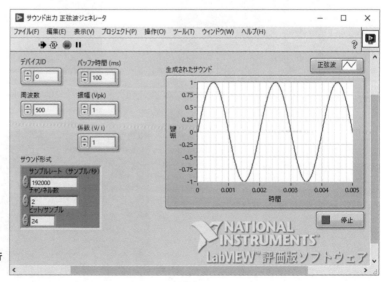

図6-28
サウンド出力正弦波ジェネレータVIを実行する

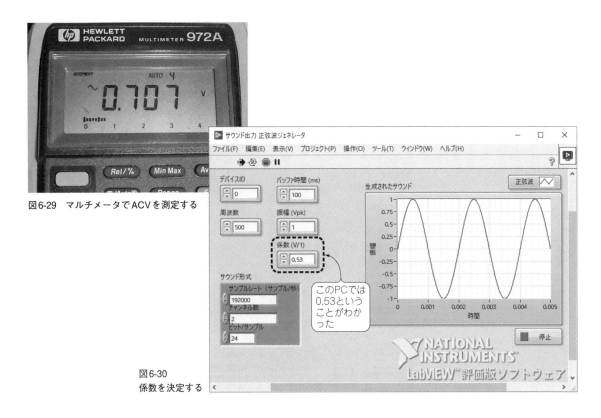

図6-29 マルチメータでACVを測定する

図6-30 係数を決定する

マルチメータでACVの測定値が0.707Vになるように，VIの「係数(V/1)」の値を調整します（図6-29）．マルチメータのACVはRMS（実効値）を表示するので，ピーク値1Vの純粋な正弦波の実効値は $1/\sqrt{2}=0.7071\mathrm{V}$ になります．

最後の桁がばらつくかもしれませんが，あまり気にしなくて結構です．このPCの場合，係数は0.530で0.707〜0.708Vになりました（図6-30）．

ワンポイント・アドバイス —— 有効数字とキャレット

「係数(V/1)」は有効数字が6桁で，後ろのゼロを表示しない設定になっています（デフォルト）．小数点以下の数値を入力すると有効数字までは表示されますが，増減ボタンをクリックすると1の桁が変わってしまいます．キャレットを置く（数値をクリックする）と，増減ボタンでその左側の桁が変わります（図6-31）．

● 入力感度を校正する

正弦波ジェネレータVIを実行したまま，ケーブルでヘッドホン出力とマイク入力を直結します（図6-32）．

図6-31 増減ボタンとキャレット

図6-32
出力と入力をケーブルで直結する

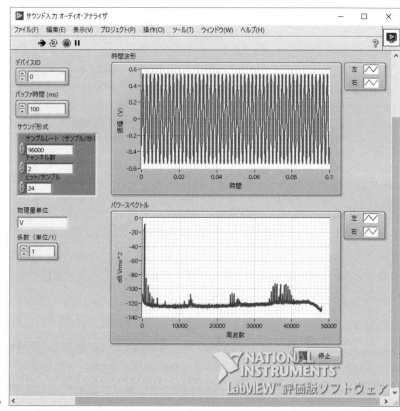

図6-33
オーディオ・アナライザVIを実行する

　第5章で作ったオーディオ・アナライザVI（Sound Input Audio Analyzer.vi）を開いて，サウンド形式を適当に設定して実行します．ここでは96000Hz/24bitにしました（**図6-33**）．「パワースペクトル」グラフの周波数軸でポップアップして「自動スケールX」を選ぶ（**図6-34**）とチェックが外れ，スケールの範囲を自由に変更できるようになります．周波数軸の上限と下限の数値をダブルク・クリックして，ジェネレータの周波数±5Hzの範囲（ここでは495と505）にします（**図6-35**）．

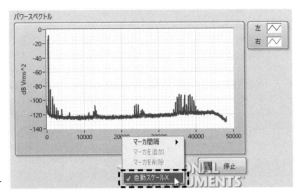

図6-34
X軸のオートスケールを外す

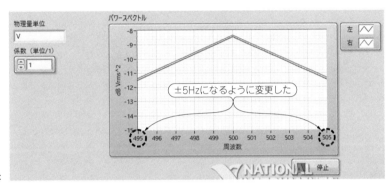

図6-35
周波数範囲を500±5Hzに設定した

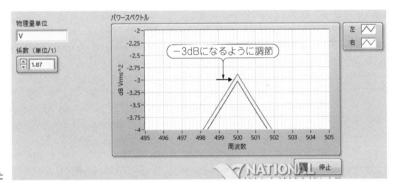

図6-36
−3dBを目標に係数を調整した

「係数(単位/1)」を調節して，波形の頂点が−3dBになるようにします．パワースペクトル波形は移動平均化処理をしているのでゆっくり変化します．必要なら縦軸でポップアップして「自動スケールY」のチェックを外し，上限と下限を変えてください．左右で多少違うかもしれませんが，とりあえず中間をとってください(**図6-36**)．後ほど対策します．

このパワースペクトルの単位は1Vを基準としたRMSの二乗なので，0.707Vrmsは$20 \times \mathrm{Log}\,(0.707 \div$

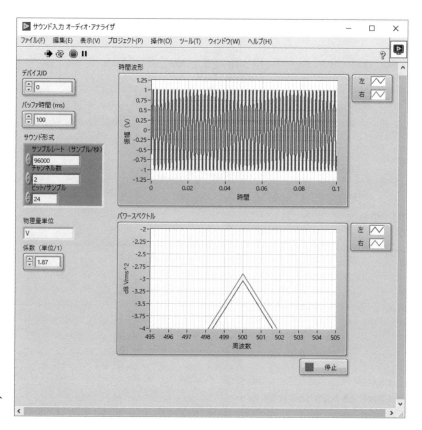

図6-37
時間波形のピークとパワースペクトルの値

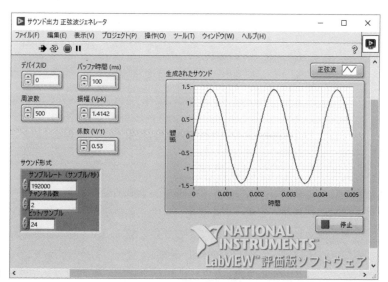

図6-38
振幅は1.4142Vを出力

216　第6章　テスト信号出力VIを作る

1) = −3.012dBになります.そのとき,時間波形のピークも1Vになります(図6-37).

試しに,サイン波ジェネレータの「振幅(V_{pk})」を1.4142にしてみましょう(図6-38).すると,出力電圧は1Vrms(図6-39),パワースペクトルのピークは0dB,時間波形のピーク値は1.414Vになるはずです(図6-40).

ちなみに,スペクトル・グラフの周波数分解能は10Hzです.試しに,正弦波ジェネレータの周波数を1Hzずつ変えてみると,5Hzまではピーク位置が動きません.これは,バッファ時間が100msだからです.FFTの周波数分解能は,元の時間波形の時間幅の逆数になるので,100msの逆数で10Hzです.バッファ時間を1000msにすると周波数分解能は1Hzになりますが,グラフの更新が遅くなります.

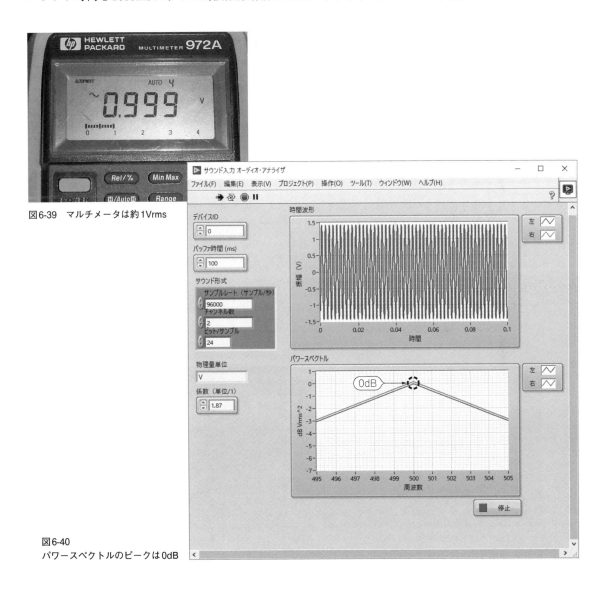

図6-39 マルチメータは約1Vrms

図6-40
パワースペクトルのピークは0dB

6-1 正弦波ジェネレータの作成

● **精度の検討**

　校正のとき，左右のチャネルで若干レベルが違いました．これは，出力信号または入力感度のどちらかまたは両方のばらつきが見えています．誤差としては2%程度なのでそのままでも使えることが多いのですが，ディジタル式にしては少々残念な精度です．そこで，左右それぞれに係数を設けて解決します．

　また，出力信号レベルは，どこにもつながずに測ったときと，マイク入力に接続したときで値が変わります．0.707V→0.692Vになるので，−2.1%くらいの誤差があります．この実験は，ヘッドホン出力を2股に分けるアダプタとステレオ・ミニ・プラグのパーツで治具を作って行いました（図6-41）．

　第4章で検討したように，マイク入力にはプラグイン・パワーを供給するためのバイアス抵抗があり，これが信号源にとっては負荷となります（定電圧である電源ラインは，電流を流し込んでも電位が変わらないためACにとってはGNDと同じに見える）．ちなみに，デスクトップPCのライン入力に接続しても出力レベルは変わらなかったので，ライン入力の入力インピーダンス（ACに対する負荷）は十分高い（軽い）と考えられます．

　マイク入力のバイアス抵抗値を測るには，マイク入力にマルチメータだけつないで，まずDC電圧を測ります．次に，マルチメータをDC電流モード（mAレンジ）にして短絡電流を測ります．今回は2.26Vと0.67mAだったので，$2.26 \div 0.67\mathrm{E}{-3} \fallingdotseq 3.37\mathrm{k}\Omega$と推定できます．マルチメータの電流モードは完全な短絡ではありませんが，その抵抗値は数Ωなので誤差範囲内です（図6-42）．

　マイク入力は，入力インピーダンスが3kΩ程度であることと，DCを垂れ流すことが気になります．信号源が出力インピーダンスの低いアンプであれば，両方とも問題ありません．しかし，測定器として使うならどちらも不合格です．ライン入力ならそのまま使えますが，マイク入力はバッファ・アンプを入れる必要があります．本書では，バッファ・アンプは用いずに，被測定物を限定して使うことにします．

　ヘッドホン出力の出力インピーダンスは，無負荷で0.707V，3.37kΩ負荷で0.692Vになることから，$\{(0.707-0.692) \times 3.37\mathrm{E}{+3}\} \div 0.692 \fallingdotseq 73\Omega$と推定できます．信号源としては悪くありません．一般的なファンクション・ジェネレータは50Ωです．これは，高周波信号の伝送路が50Ωであることに起因するので，ハイ・インピーダンス受けが一般的なオーディオ領域ではあまりこだわる必要はないと思います．

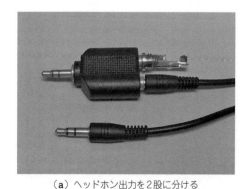

（a）ヘッドホン出力を2股に分ける

（b）接続したようす

図6-41　信号をピックアップする治具

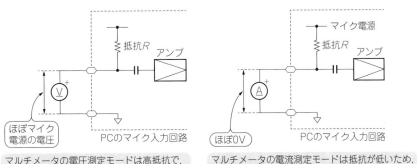

図6-42 バイアス抵抗を推定する

(a) DC電圧を測る

(b) 短絡電流を測る

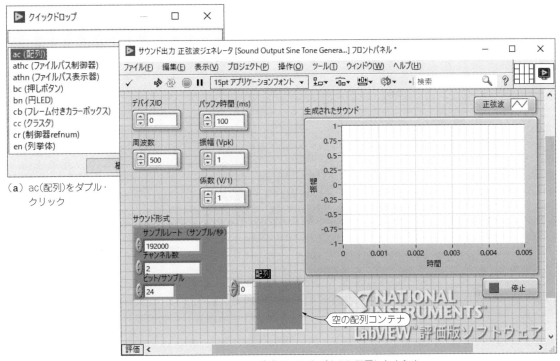

(a) ac(配列)をダブル・クリック

(b) フロントパネルに配置したようす

図6-43 配列制御器を配置する

● 左右チャネル間の差を補正する

　まず，正弦波ジェネレータVIの係数を左右チャネル独立に設定できるようにします．Ctrl＋スペース・キーでクイックドロップを呼び出し「ac(配列)」をダブル・クリックして，空の配列コンテナをパネルに置きます(**図6-43**)．ラベルは「係数(V/1)」にします(**図6-44**)．元の「係数(V/1)」制御器をドラッグし

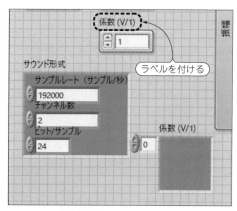

図6-44　配列制御器のラベル

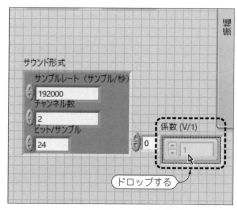

図6-45　係数制御器を配列の中に配置する

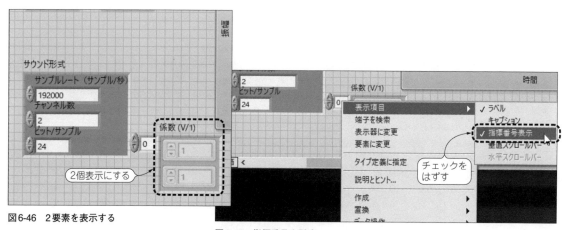

図6-46　2要素を表示する

図6-47　指標番号を隠す

て配列コンテナ内にドロップします（図6-45）．配列コンテナの下辺をドラッグして2個表示されるようにします（図6-46）．上が左チャネル，下が右チャネルの係数となるので，とりあえず両方とも1を入力しておいてください．左上の指標番号でポップアップして「表示項目」→「指標番号表示」のチェックを外します（図6-47）．

　フロントパネルのレイアウトを調整して（図6-48），ダイアグラムで配線をつなぎ直すと，1チャネル分だった波形データが，係数の配列と演算された結果，波形データの配列になります．「サウンド出力書き込み」VIでは，指標番号0が左チャネル，1が右チャネルのデータになります（図6-49）．

　ヘッドホン出力の左チャネルの信号をマルチメータだけで測りながら，下の係数を調整したところ，0.522で0.708Vになりました（図6-50）．この係数をデフォルト値として記憶させます．配列のふちでポップアップして，「データ操作」→「現在の値をデフォルトにする」を選びます（図6-51）．これで配列のサイズとすべての値が記憶されます．内部の制御器上でポップアップしても，意図した動作にはなら

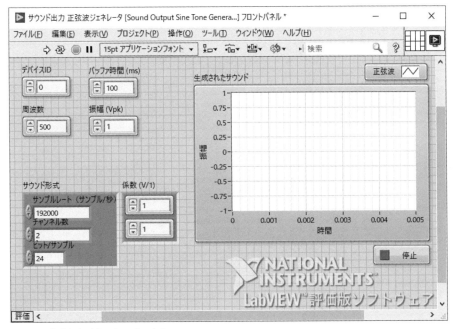

図6-48　完成したパネルのレイアウト

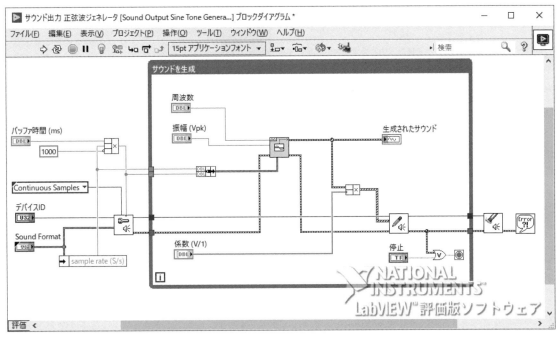

図6-49　ブロック・ダイアグラムの配線のようす

6-1　正弦波ジェネレータの作成

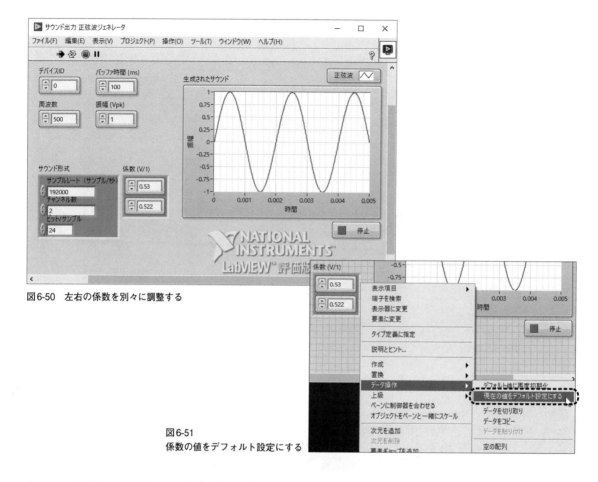

図6-50　左右の係数を別々に調整する

図6-51　係数の値をデフォルト設定にする

ないので注意してください．同様にして，「サウンド形式」もデフォルト値を記憶してください．その後，Ctrl＋Sで保存します．

　次に，オーディオ・アナライザVIの係数も左右独立に設定できるようにします．修正方法は同じなので，説明なしでやってみてください（図6-52）．

　VIができたら校正を行いましょう．ヘッドホン出力とマイク入力を直結した状態で，マルチメータでレベルを読めるようにします（図6-41参照）．マルチメータの測定値が左右とも0.707Vになるように，ジェネレータVIの係数を調整します．このPCでは，0.542と0.534でした（図6-53）．これは，マイク入力でレベルが下がってしまうのを補正するための一時的な措置です．被測定物を測るときは，入力インピーダンスが高いことを前提にしているので，先ほどデフォルトに設定して保存した無負荷の係数で使用します．

　アナライザVIで，パワースペクトルのピークが左右とも－3dBになるように係数を調整します．精密に測定するために，Y（縦）軸の自動スケールを無効（図6-54）にして手動で拡大し，周波数範囲も±1Hzくらいまで狭めます．その結果，1.837と1.832になりました（図6-55）．左右のばらつきの原因は，

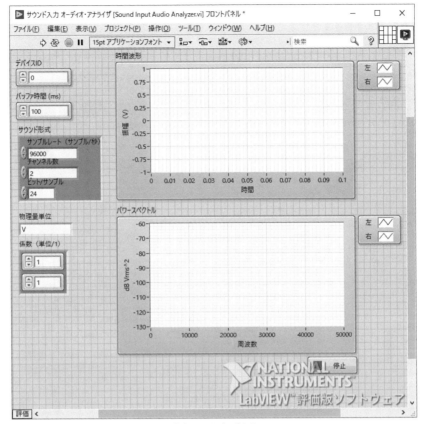

(a) フロントパネル

図6-52
オーディオ・アナライザVIの係数も左右別々に改造する

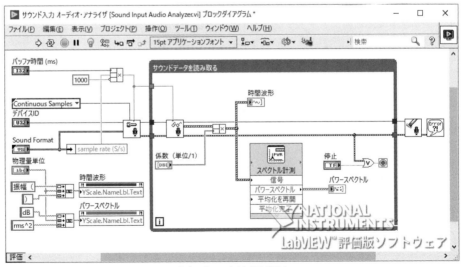

(b) ブロックダイアグラム

6-1 正弦波ジェネレータの作成 223

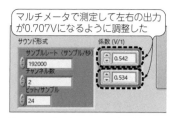

図6-53 ジェネレータVIの係数を一時的に補正する

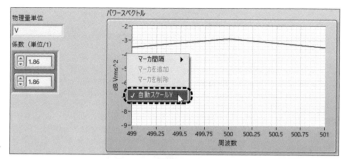

図6-54 Y軸の自動スケールを外す

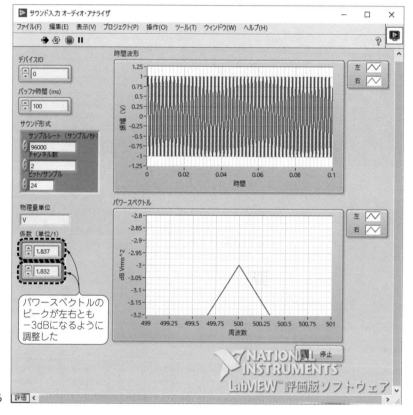

図6-55 Y軸を拡大して精密に調整する

主に出力側だったようです．

　現在の係数をデフォルトに設定します（**図6-56**）．また，サウンド形式もデフォルト設定を行うとよいでしょう．

　グラフ軸のレンジを変えるのに，いちいち数値を入力するのも面倒です．グラフでポップアップすると「表示項目」の下にいくつかパレットがあるので，それぞれ表示して機能を試してください．右クリックや左クリックでいろいろな操作ができます．ここでは，「グラフパレット」を表示します（**図6-57**）．

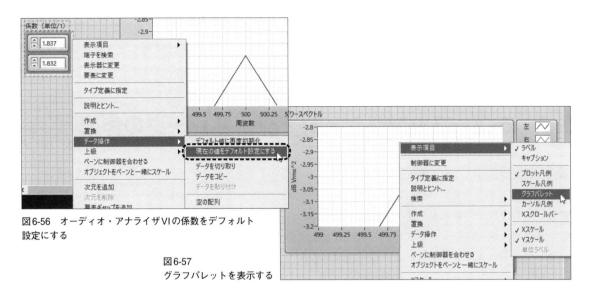

図6-56　オーディオ・アナライザVIの係数をデフォルト設定にする

図6-57　グラフパレットを表示する

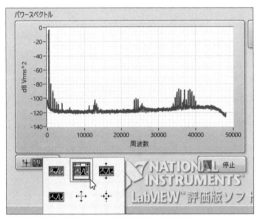

（a）左右拡大ボタンを選択

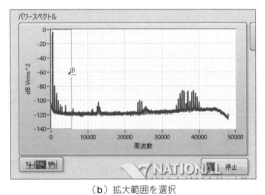

（b）拡大範囲を選択

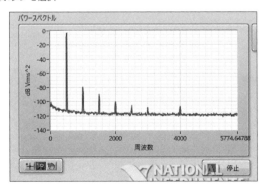

（c）拡大した波形

図6-58　グラフパレットでX軸拡大する

6-1　正弦波ジェネレータの作成　　225

虫めがねのようなボタンをクリックすると範囲拡大，左右拡大，上下拡大，全体表示などが使えます（図6-58）．繰り返し更新されるグラフでは，オートスケールを切らないと戻ってしまいます．オートスケールの切り替えは軸上でポップアップするか，「スケールの凡例」パレットでできます．

6-2 ファンクション・ジェネレータの作成

● 正弦波ジェネレータを拡張する

正弦波ジェネレータVIを元に，出力できる信号のタイプを増やしてみましょう．正弦波のほかに方形波，三角波，ノコギリ波，そして白色雑音（ホワイト・ノイズ）を追加します．ホワイト・ノイズは，広い周波数帯域にわたってパワーが一様に分布しているという特徴があります．これを被測定物（経路）に通して，出てきた信号を解析すれば周波数応答性を知ることができます．ノイズが多く細かい解析には不向きですが，手早い確認には有効です．

フロントパネルでクイックドロップを呼び出します．キーワードに「列挙」（れっきょ）と入力し，列挙

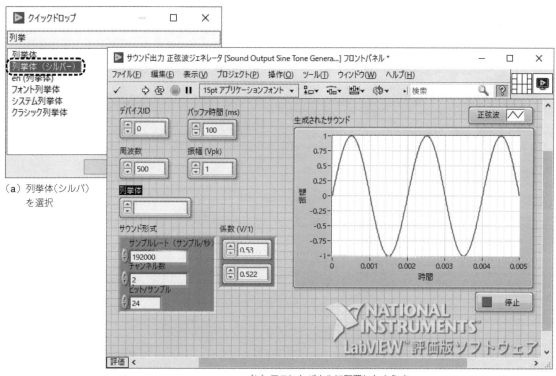

（b）フロントパネルに配置したようす

図6-59　列挙体（シルバ）制御器をドロップ

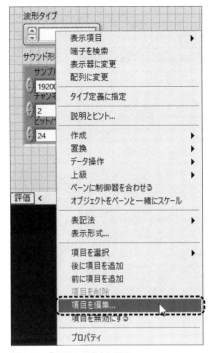
図6-60 「項目を編集」を選ぶ

図6-61 列挙体の項目名を入力する

体(シルバー)をダブル・クリックしてフロントパネルに置きます(図6-59).ラベルは「波形タイプ」にします.「波形タイプ」制御器でポップアップして,「項目を編集…」を選びます(図6-60).するとプロパティ・ウィンドウが出るので,項目の行をダブル・クリックして入力モードにし,項目名を入力してください.項目名は「正弦波」「方形波」「三角波」「ノコギリ波」「ホワイトノイズ」にします(図6-61).

ワンポイント・アドバイス── 項目名の入力

項目名を入力して,Enterキーを押すと次の行に移ります.最後の行でEnterすると,下の行に移って空の項目名になってしまうので,IMEの変換が確定した時点で「OK」ボタンをクリックしてください.空項目ができてしまったら,削除ボタンで消してください.

ダイアグラムでは,「波形タイプ」ターミナルをWhileループ内に入れます(図6-62).クイックドロップで「ケース」をキーワードに,「ケースストラクチャ」をダブル・クリックします(図6-63).ダイアグラム上では「正弦波形」VIの左上でクリックしてから(図6-64),右下へ移動してVIを囲い(図6-65),クリックして確定します(図6-66).

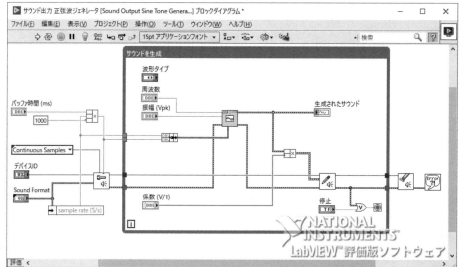

図6-62
波形タイプ・ターミナルの位置

図6-63 クイックドロップからケースストラクチャを配置する

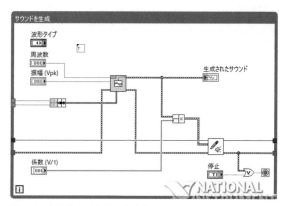

図6-64 囲う始点でクリックする

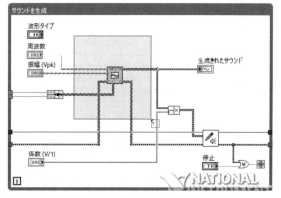

図6-65 囲う範囲をドラッグしてマウスを移動して囲う

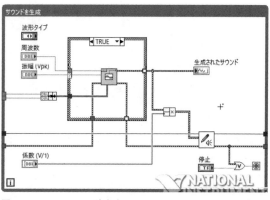

図6-66 クリックして確定する

228　第6章　テスト信号出力VIを作る

ワンポイント・アドバイス —— ケースストラクチャの貼り付け

ケースストラクチャを貼り付けるとき，端子やノードを囲むようにするとそれらが枠の中に入り，Trueのときに実行されるダイアグラムになります．

「波形タイプ」ターミナルからケースストラクチャの「?」（セレクタ）端子に接続します（図6-67）．すると，ケースストラクチャの上部にあるセレクタ・ラベルに「方形波」と表示されます（図6-68）．セレクタ・ラベルでポップアップして「このケースを"正弦波"，デフォルトにする」を選びます（図6-69）．セレクタ・ラベルの▼をクリックするか，左右の三角印をクリックして「方形波」ケースに移動します（図6-70）．

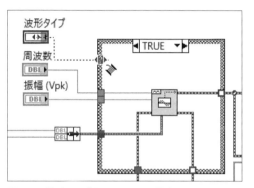

図6-67 波形タイプをセレクタへ配線する

図6-69 ケースを入れ替える

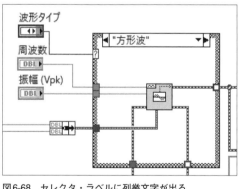

図6-68 セレクタ・ラベルに列挙文字が出る

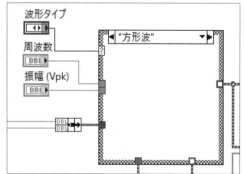

図6-70 方形波ケースを表示する

6-2 ファンクション・ジェネレータの作成

> **ワンポイント・アドバイス —— 整数値と文字列を対にして記憶する列挙体**
>
> セレクタ端子のデータ・タイプは整数なのに「方形波」や「正弦波」といった文字列が現れるのは，「波形タイプ」制御器が列挙体という特別なデータ・タイプだからです．これは整数値と文字列を対にして記憶していて，値を文字列で参照することができます．

クイックドロップで，「方形波」をキーワードに「方形波形[NI_MABase.lvlib]」を呼び出して（図6-71），方形波ケース内に置きます（図6-72）．正弦波と同じ配線を行ってください（図6-73）．

セレクタ・ラベルでポップアップして「後にケースを追加」を選びます（図6-74）．今度は「三角波」というケースができました（図6-75）．クイックドロップで「三角波」をキーワードに「三角波形[NI_MABase.lvlib]」を呼び出して（図6-76），三角波ケース内に置き，配線します．同様にして，ノコギリ波（図6-77）も追加してください．

ホワイト・ノイズは，「一様ホワイトノイズ波形[NI_MABase.lvlib]」VIを選んで（図6-78）置きます．周波数のパラメータはありません．「振幅」のコネクタ位置が他と違うので，注意してください（図6-79）．

図6-71 クイックドロップから方形波形を配置する

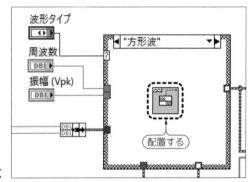

図6-72 方形波をケース内に置く

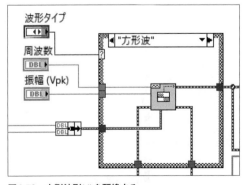

図6-73 方形波形VIを配線する

図6-74 ケースを追加する

ワンポイント・アドバイス──列挙体とセレクタ・ラベル

列挙体がセレクタ端子に接続されているときは，ケースを増やすと自動的に使われていない候補名がセレクタ・ラベルに入ります．使い切ると，セレクタ・ラベルは空白になります．

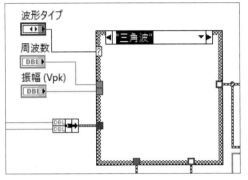

図6-75　三角波ケースができる

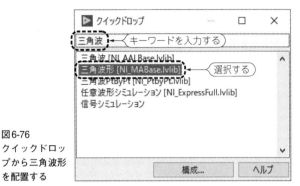

図6-76
クイックドロップから三角波形を配置する

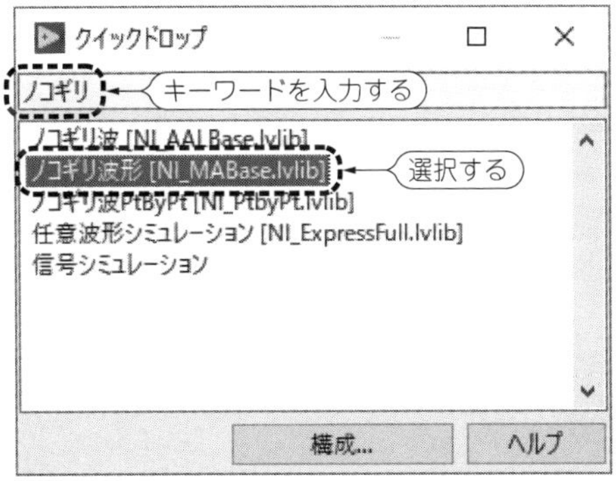

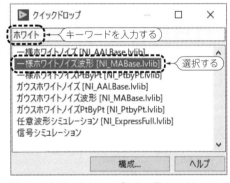

図6-77　クイックドロップからノコギリ波形を配置する

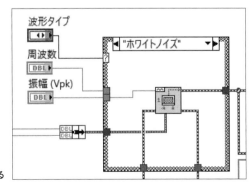

図6-78　クイックドロップから一様ホワイト・ノイズを配置する

図6-79
ホワイト・ノイズVIを配線する

6-2　ファンクション・ジェネレータの作成　231

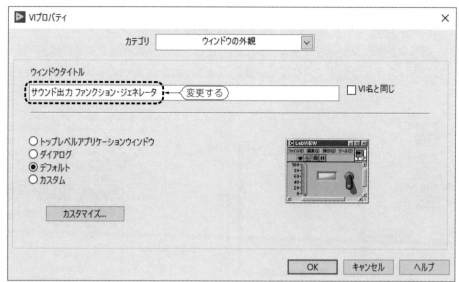

図6-80
ウィンドウタイトルを変更する

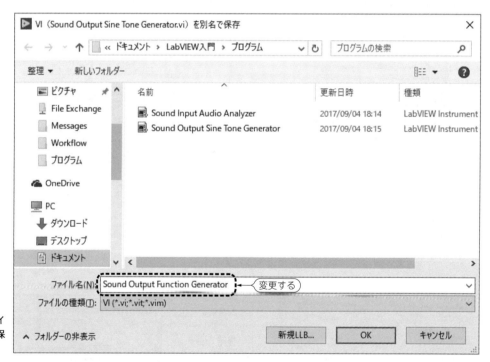

図6-81
フォルダとファイル名を変更して保存する

　VIプロパティ・ウィンドウを開いて，ウィンドウ・タイトルを「サウンド出力 ファンクション・ジェネレータ」とし(**図6-80**)，「ファイル」メニューから「別名で保存」を選んで，「Sound Output Function Generator」とでも名前をつけて保存してください(**図6-81**)．

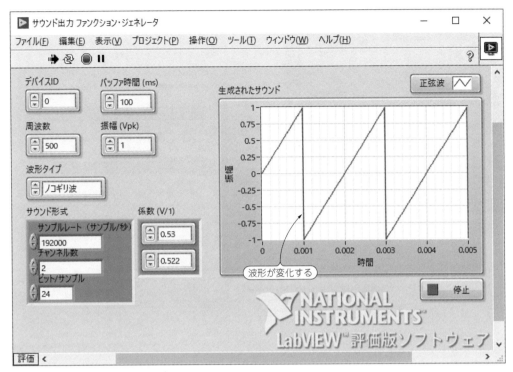

図6-82 波形タイプのテスト

実行して波形が変わることを確認します(図6-82).

● 他のPCを測定する

　ファンクション・ジェネレータVIとオーディオ・アナライザVIを使って,他のPCのサウンド・システムを評価してみましょう.校正が済んだPCをテスタPCと呼びます.
　それを使って,コンボ・ジャックが付いているPC(被測定PCと呼びます)を測定してみます.測定のために,4極ミニプラグのパーツを使い,リード線をはんだ付けして引き出します.先端から1:ヘッドホン出力(左),2:ヘッドホン出力(右),3:GND,4:マイク入力です.ステレオ・ジャックのパーツを使って,ワニ口クリップに変換するアダプタも作りました(図6-83).
　まず,ヘッドホン出力を評価します.被測定PCでファンクション・ジェネレータVIを実行して正弦波を出力し,テスタPCで波形を観測します.被測定PCにVIをコピーして実行するためには,LabVIEWがインストールされている必要があります.またはVIを実行形式にしてインストールする方法もありますが,それは次の章で説明します.
　被測定PCのスピーカ・プロパティで,最高の24ビット/192000Hzに設定します(図6-84).ジェネレータVIを192000Hz/24bit,振幅1,係数1にして正弦波を出力して波形を観測すると,振幅が0.5Vになりました(図6-85).ジェネレータの係数を2にすると,波形が0.5Vで頭打ちになります(図6-86).

6-2 ファンクション・ジェネレータの作成　233

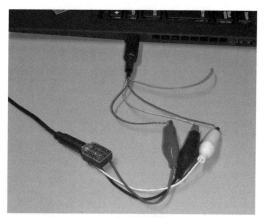

図6-83 コンボ・ジャックの信号配線

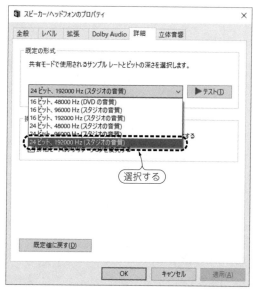

図6-84
被測定PCのスピーカ/ヘッドホンのプロパティ

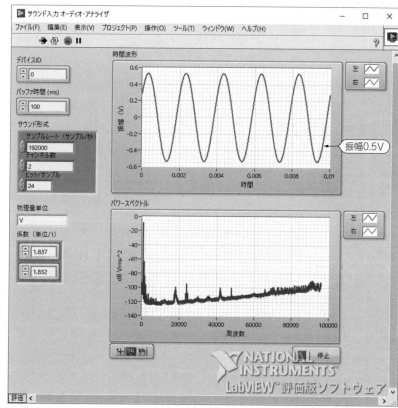

図6-85
ジェネレータ係数1で振幅は0.5Vになった

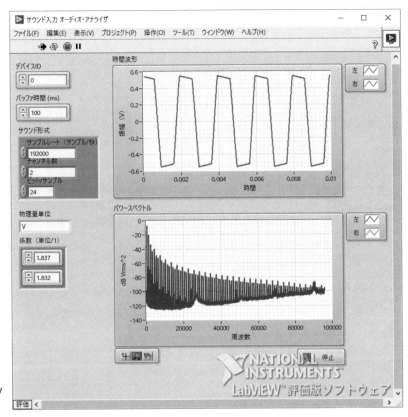

図6-86
ジェネレータ係数2では0.5V
でクリップしている

　このPCのヘッドホン出力は，0.5Vまでしか出せないということでしょう．

　ジェネレータVIの振幅を0.4Vに設定して，テスタPCでパワースペクトルのピークが−10.97dBになるように，ジェネレータPCの係数を調整すると1.851になりました．念のため，マルチメータで測ると0.283V_{rms}で合っています．ところが，マイク入力ジャックへの接続を外すと0.293V_{rms}になりました．やはり，マイク入力のバイアス抵抗が低すぎてレベルが落ちているようです．マルチメータだけで係数を調整したところ1.79でした．ちなみに，左右ともきちんと揃っていました（図6-87）．テスタPCのバイアス抵抗は3.37kΩとわかっているので，被測定PCの出力インピーダンスは約119Ωと計算できます．

　ライン出力にとって，ライン入力のインピーダンスは高い（数10kΩ以上）ことが前提です．したがって，マルチメータだけで測った係数をデフォルトにしましょう．駆動にパワーが要るときは，バッファ・アンプを付けることとします．

　次に，マイク入力を評価します．テスタPCから正弦波を出力し，被測定PCでアナライザVIを実行して波形を観測します．被測定PCのマイクのプロパティで，「既定の形式」を最高の24ビット/96000Hzにして拡張機能をOFFにします（図6-88）．アナライザVIのサウンド形式を96000Hz/24bitにして，係数1で実行します．振幅1Vの正弦波を入力すると，波形が歪んでいました（図6-89）．波形の振幅がほ

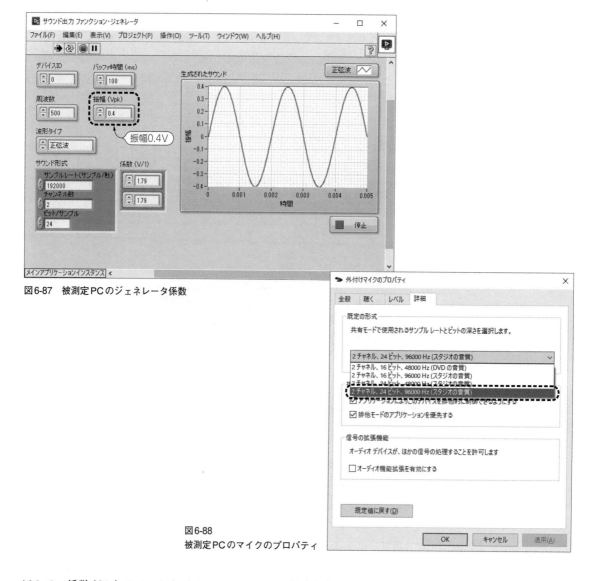

図6-87 被測定PCのジェネレータ係数

図6-88 被測定PCのマイクのプロパティ

ぼ1で，係数が1なので，これはA-Dコンバータの最大振幅です．

正弦波の出力振幅を下げていくと0.4Vくらいで波形の歪はなくなりましたが，振幅は1のままです（図6-90）．さらに出力を下げていっても，波形の振幅は1のままです．結局，振幅が素直に下がり始めるのは0.1Vより小さくなってからでした（図6-91）．これは，オートゲイン・コントロール（過大な信号が入力されたときに自動的に振幅を抑えるしくみ）のような動きです．

出力振幅を$0.1V$（$707mV_{rms}$：$-23.0dBV_{rms}{}^2$）にして，係数を調整したところ0.109になりました（図6-92）．最大0.1Vだと，ライン・レベルの測定には適しません．

マイク入力のプロパティでレベルを下げると，波形が歪み始める振幅が変わることがわかりました．

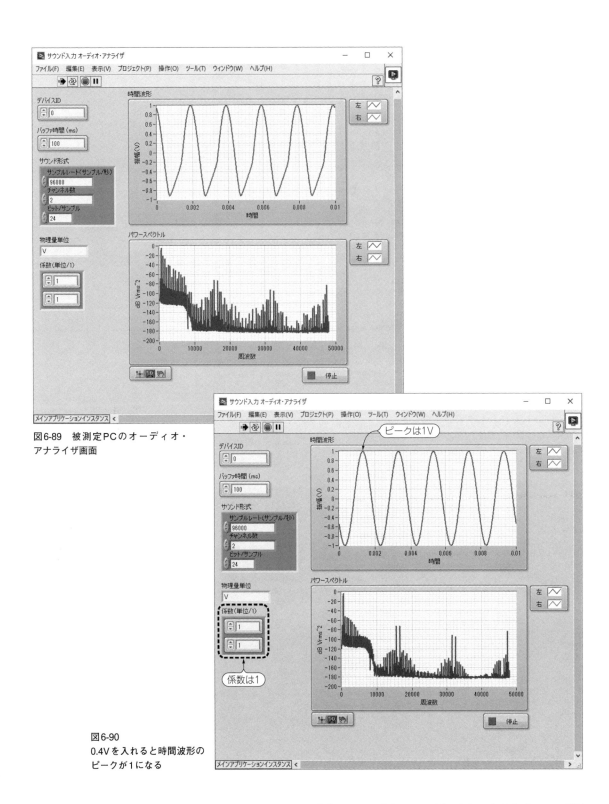

図6-89 被測定PCのオーディオ・アナライザ画面

図6-90
0.4Vを入れると時間波形のピークが1になる

6-2 ファンクション・ジェネレータの作成

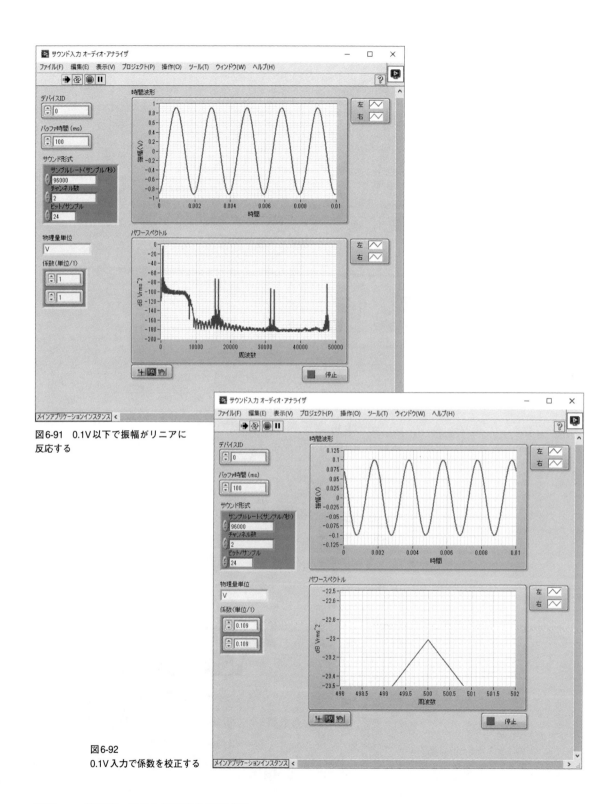

図6-91　0.1V以下で振幅がリニアに反応する

図6-92
0.1V入力で係数を校正する

第6章　テスト信号出力VIを作る

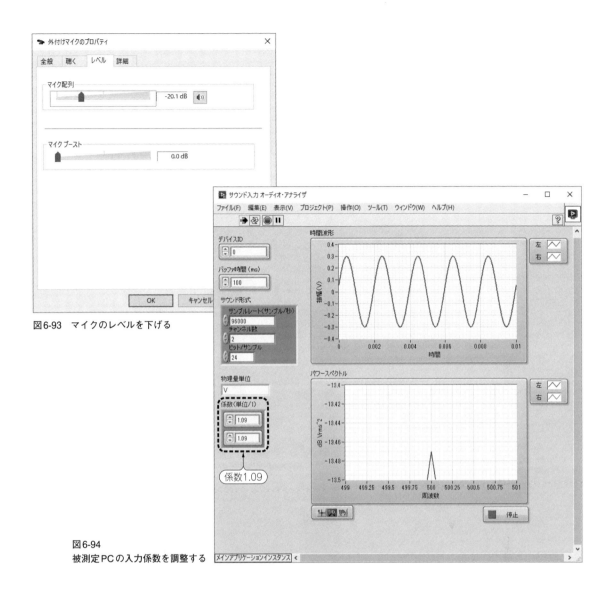

図6-93 マイクのレベルを下げる

図6-94 被測定PCの入力係数を調整する

−20.1dB（20.0dBちょうどにはできない）で0.5Vくらいになります（図6-93）．それよりレベルを下げても，波形が歪み始める振幅は変わらなかったので，マイク入力プリアンプの最大入力レベルが0.5Vなのでしょう．0.3V（$0.212V_{rms}$：$-13.47 dBV_{rms}^2$）を入力して係数を調整したところ1.09でした（図6-94）．プロパティのレベルが0dBのときの係数が0.109なので，1.09に対して−20dBです．レベル設定の−20.1dBは正確だったのですね．ライン・レベルを扱うときはレベルを−20.1dBにして，0.5Vまでと覚えておく必要があります．

ところで，被測定PCのマイク入力はモノラルだったので，テスタPCの出力を左右ともマイク入力に接続しました．本来，信号源同士を接続してはいけませんが，まったく同一の信号が出ていることと，

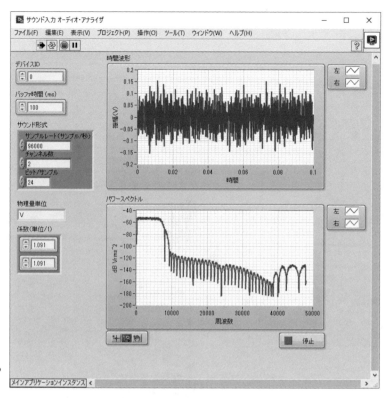

図6-95
10kHz以下にバンドパス・フィルタが入っているのがわかる

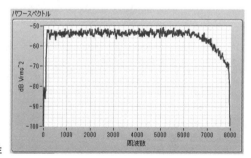

図6-96　被測定PCのバンド・パス特性

　出力インピーダンスとバイアス抵抗が適当な抵抗ネットワーク（ミキサ）を形成することを当てにしてやってみました．その結果，マイク入力に接続することによる振幅の低下がなくなったので，マルチメータによる振幅確認は省きました．

　ジェネレータの「波形タイプ」を「ホワイト・ノイズ」にして測定すると，比較的狭いバンドパス・フィルタが効いていることがわかります（図6-95）．拡大してみると，120Hz～6.5kHzくらいのバンドパス特性です（図6-96）．サンプル・レートを16000Hzより遅くすると，その1/2のカットオフ周波数になります．これは他のPCと違います．

> **ワンポイント・アドバイス ── 状態がプロパティにうまく反映されないとき**
> 内部／外部マイクが切り替わるとき，状態がプロパティにうまく反映されないことがありました．そのときは，一旦プロパティ画面とLabVIEWを終了してから，もう一度開いてみてください．

　0.5Vあれば，通常のヘッドホン（インピーダンスが数10Ω）なら耳が痛いくらいの音量になりますし，話し声を拾うのには5kHzくらいの帯域があれば問題ありません．120Hz以下を切るのは，風切り音やハムノイズの除去にも有効かもしれません．つまり，このPCのコンボ・ジャックはヘッドセットに最適化されていると考えられます．ライン・レベルとフル帯域を扱う場合は，外付けのサウンドデバイスを検討したほうがよいでしょう．同じHD AudioでもPCによって細かい動きが違うので，測定に使用する場合は特性を調べることが重要です．

6-3　歪率計の作成

● 波形のひずみについて

　測定中に波形が歪むことがあり，それはおもに時間波形の形が崩れることで判断していましたが，歪のあり／なしの基準はあいまいでした．はっきりさせるには，歪を数値で表す必要があります．信号が歪むと元の信号以外の成分が発生するので，それらを分離して，元の信号に対する比率を計算すれば歪率になります．試験信号には単一周波数の波形，つまり正弦波を使います．正弦波が歪むと，元信号（基本波）の周波数の整数倍の周波数に歪み成分（高調波）が現れます．

　アナログ計測器の時代には，基本波を急峻なバンド・ストップ・フィルタ（ノッチ・フィルタ）で取り除いた後のパワーを測定し，入力信号のパワーとの比を計算しました．ディジタル処理では，FFTによって周波数成分に分解し，基本波を見つけて高調波を割り出します．高調波だけを合算して基本波との比を計算したのが，THD（Total Harmonic Distortion：全高調波歪）です．また，基本波以外の全成分を対象にした（ノイズ成分を含み，DCは除く）のがTHD＋N（全高調波歪み＋ノイズ）です．オーディオの世界ではパーセントで表し，値が小さいほど歪みが少ないといえます．アナログ時代はTHD＋Nを測っていたのですが，単にTHDと言っていました．

　ちなみに，通信機などで使われるSINAD（Signal to Noise And Distortion）はTHD＋Nの逆数をdBで表したものです．値が大きいほど良く，ノイズと歪みに埋もれずに信号が明瞭に聞き取れるというわけです．

● オーディオ・アナライザVIを改造して歪率計を作る

　オーディオ・アナライザVIを改造して，歪率計（ディストーション・アナライザ）を作りましょう．LabVIEWにはTHDやTHD＋Nを算出するVIがあるので，それを使います．その前に，ちょっと機能

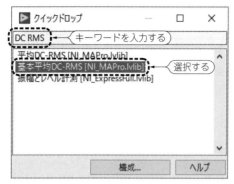

図6-97 キーワードを2つ入れて検索する

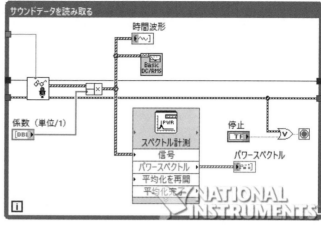

図6-98 時間波形配列を接続する

を追加しておきます.

　オーディオ・アナライザVIのダイアグラムでクイックドロップを呼び出し,「DC」と「RMS」をスペースで区切って2つのキーワードを入力します(図6-97).「基本平均DC-RMS[NI MAPro.lvlib]」をダブル・クリックしてダイアグラムにドロップします. 時間波形ワイヤを接続すると, 自動的に配列を受け入れるタイプに変わります(図6-98).

> **ワンポイント・アドバイス ── データ・タイプが自動的に変わる多態性**
>
> 　LabVIEWではこのように, 接続されるデータ・タイプに応じてVIや関数のデータ・タイプが自動的に変わることが頻繁に起こります. これは多態性といって, あらかじめ(裏で)用意しておいたVIや関数のグループ内でふさわしいデータ・タイプのものをあてがう機能です. 多態性VIは, ユーザが作ることもできます.

　VIの右側にある「RMS値」端子にポイントしてポップアップし,「作成」→「表示器」を選びます(図6-99). フロントパネルの「RMS値」表示器のふちでポップアップして,「置換」→「シルバー」→「配列, 行列&クラスタ」→「配列-数値(シルバー)」を選んで入れ替えます(図6-100). 2要素の表示にして指標番号を非表示にします.

　レイアウトは適当に直してください(図6-101). アイコンもデザインしておきましょう(図6-102). ここで, 一旦Ctrl+Sで上書き保存してください.

　次に, このVIを別名で保存します. Sound Input Distortion Analyzer.viとでもして, 他のVIと同じ場所に保存してください.

　フロントパネルに列挙体(シルバ)を置き, ラベル名を「歪タイプ」とします(やり方はファンクション・ジェネレータVIの「波形タイプ」と同じです). Ctrlキーを押しながら中の文字部分をクリックすると,

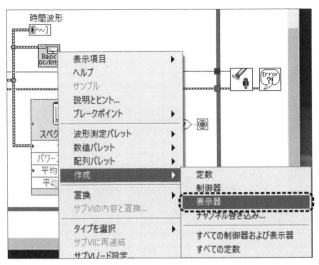

図6-99　RMS値表示器を作成する

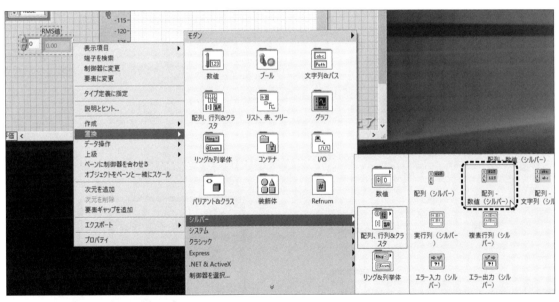

図6-100　表示器のスタイルを入れ替える

入力待ちになります．「THD＋N」と打ち込んだら（IMEがONなら確定まで），Ctrl＋Enterを押します．すると，次の項目の入力待ちになります．「THD」と打ち込んでどこか他の部分をクリックすると，入力が終了します．ポップアップで「項目を編集」を選んで正しく設定されていることを確認してください（図6-103）．

6-3　歪率計の作成　　243

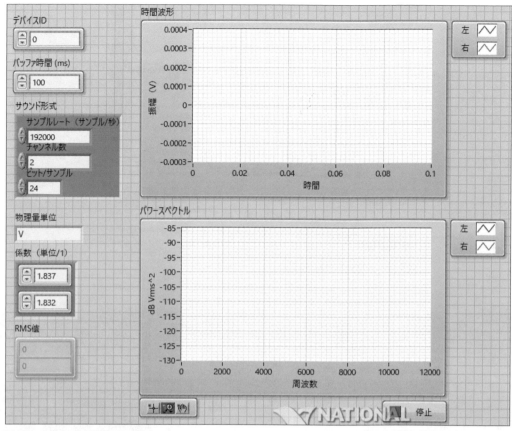

図6-101　フロントパネルのレイアウト

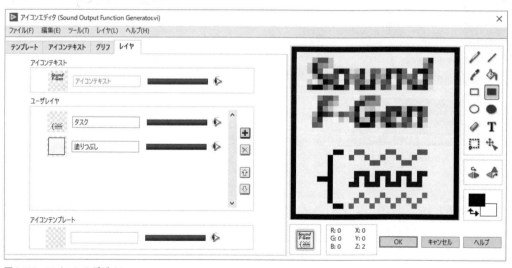

図6-102　アイコンのデザイン

図6-103 列挙体項目を確認する

ワンポイント・アドバイス ── Enterキー

単にEnterキーを押すと，改行も入力されてしまいます．最後の入力をしたら，どこか他の部分をクリックしてください．Ctrl+Enterは，テキスト・リングやメニュー・リングでも使えます．

「RMS値」表示器をコピーして増やし，配列コンテナ(中の数値制御器ではない)のふちでポップアップして「プロパティ」を選びます(図6-104)．「外観」タブに，この制御器のラベルとキャプションの設定があるので，ラベルを「THD」にし，キャプションを削除します．キャプションを削除するときは，いったん「表示」をチェックしてください．ラベルの「表示」のチェックも外します(図6-105)．

ワンポイント・アドバイス ── プロパティ画面での設定

プロパティ画面では，制御器に関するほとんどの設定ができます．制御器の種類によって項目が違うので，どの制御器に何があるか調べてみてください．ポップアップ・メニューのうち，いくつかはプロパティ画面の特定のタブを呼び出しているだけです．

6-3 歪率計の作成

図6-104
配列のプロパティのようす

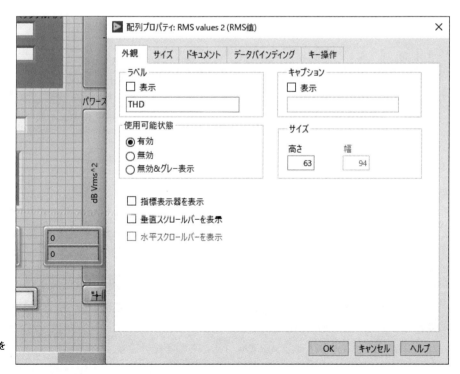

図6-105
ラベルとキャプションを
設定する

246　第6章　テスト信号出力VIを作る

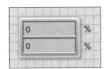

図6-106
フリー・ラベルで単位
を表示する

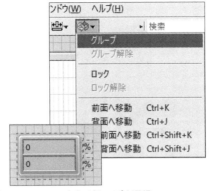

（b）グループ化され
たところ

図6-107
オブジェクトのグループ化　　　（a）グループを選択

　フロントパネルの何もない場所でダブル・クリックすると，フリー・ラベルの入力待ちになります．
「％」というラベルを2つ作って，THD表示器の右側に置きます（図6-106）．THD表示器と2つの％を
一緒に選択して，ツール・バーの「並べ替え」ボタンで「グループ」を選択します．すると，選んだ3つが
グループ化されて一緒に移動できるようになります（図6-107）．

　「パワースペクトル」グラフのラベルを「ハニング・スペクトル」，Y軸のスケールラベルを「dB」に変
更して，レイアウトを整えてください（図6-108）．

> **ワンポイント・アドバイス —— パーツの配置**
>
> 　パーツの位置は，アライメント・グリッドに沿うように動きます．ドラッグ中にCtrl＋Gを押す
> と自由に動かせます．選択したパーツを，矢印キーで1ポイントずつ移動できます．Shift＋矢印で，
> グリッドに沿って移動します．グリッドの細かさは，VIプロパティで変えられます．新規VIのデフォ
> ルト・グリッドは，「ツール」メニューの「オプション」で設定できます．

　ダイアグラムでは，「スペクトル計測」Express VIを削除します．「ハニング・スペクトル」のプロパティ・
ノードとコードも削除します（図6-109）．

　クイックドロップで「歪」をキーワードにして「高調波歪み解析［NI_MAPro.lvlib］」をドロップし，「信
号入力」端子に時間波形を配線します．「エクスポート・モード」端子でポップアップして「作成」→「定数」
を選んでできた定数をクリックして「input signal」を選びます（図6-110）．

　クイックドロップで「Forループ」をドロップし，中に「名前でバンドル解除」ノードを置きます．「複
合演算」をドロップして「積」に変更します．

　「高調波歪み解析」VIの「エクスポートされた信号」端子からForループ内の「名前でバンドル解除」ノー
ドに接続します．「名前でバンドル解除」をクリックして，「exported signal（dB）」→「すべての要素」を
選びます．

6-3　歪率計の作成　　247

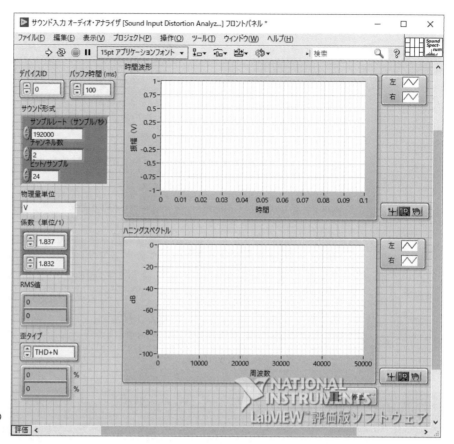

図6-108
フロントパネルの
レイアウト

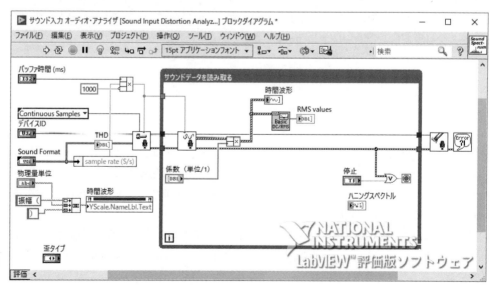

図6-109
Express VI を
削除する

248　第6章　テスト信号出力VIを作る

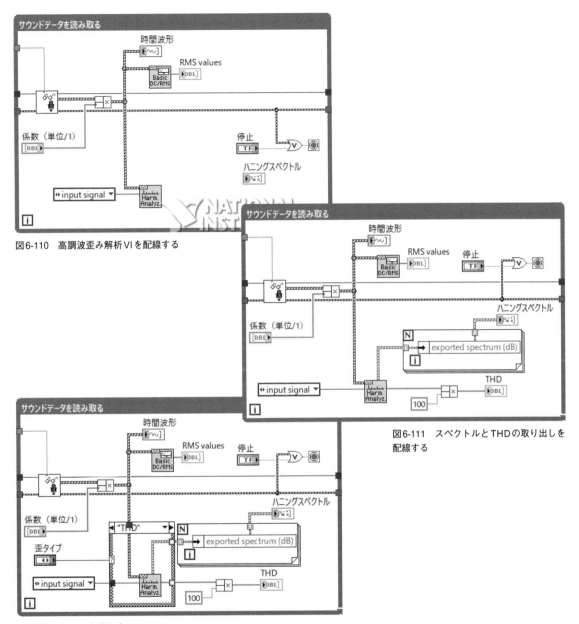

図6-110 高調波歪み解析VIを配線する

図6-111 スペクトルとTHDの取り出しを配線する

図6-112 ケースを追加する

「THD」端子から複合演算に配線し，複合演算の出力を「THD」ターミナルに配線します．「DBL数値定数」をドロップして100を入力し，複合演算のもう一つの入力端子に配線します（図6-111）．

「ケース・ストラクチャ」をドロップし，「高調波歪み解析」VIを囲むようにドラッグします．「歪タイプ」ターミナルをセレクタ端子に配線します（図6-112）．

6-3 歪率計の作成

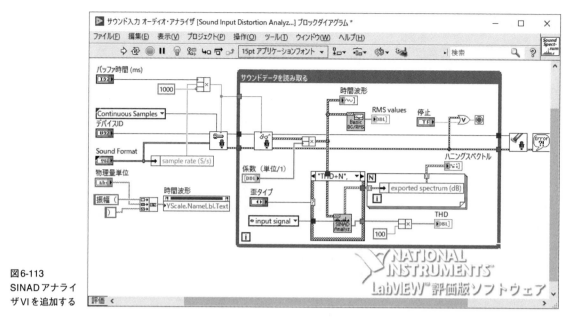

図6-113 SINADアナライザVIを追加する

図6-114 アイコンを編集する

　ケース・ストラクチャのセレクタ・ラベルをクリックして，「"THD＋N",デフォルト」を選びます．その中に「SINADアナライザ[NI_MAPro.lvlib]」をドロップし，「信号入力」,「エクスポートモード」,「エクスポートされた信号」,「THD＋ノイズ」を配線します(**図6-113**)．

　VIプロパティで，ウィンドウ・タイトルを「サウンド入力 ディストーション・アナライザ」に変え，アイコンを編集(**図6-114**)したら，Ctrl＋Sで保存します．

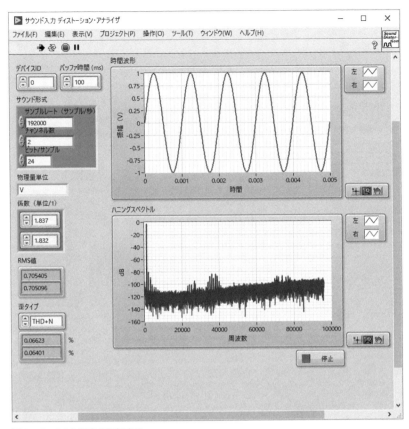

図6-115 PCの歪率を評価する

● PCの歪率評価

スピーカ出力とマイク入力をケーブルで直結し，ファンクション・ジェネレータVIとディストーション・アナライザを両方実行します．歪率を測る場合，周波数は1kHzを使うことが多いようです（図6-115）．

このPCの実力は，1VのときTHD+Nで0.065%くらい，THDで0.015%くらいです．周波数を変えても変化は少ないですが，振幅を下げるとTHD+Nは悪化します．THDは，むしろ下がります．このシステムはノイズが多めで，N成分が支配的だと考えられます．

歪み成分がいくつかの周波数帯にまとめて出ています．振幅を0Vにすると帯域の中心に1本ピークが立っているので，PC内部のクロック漏れと入力信号が混変調を起こしているのかもしれません．耳で聞いてもわからないことが目に見えるのは面白いです（図6-116）．

サンプルレートを下げると帯域が狭まるので，THD+Nにとっては有利です．サンプルレートを96000Hzにすると0.05%，48000Hzにすると0.02%くらいになります．一般的に，オーディオ・デバイスの測定には，人間の聴覚に合わせたフィルタを用いるので，カタログには良い値が載っています．対応

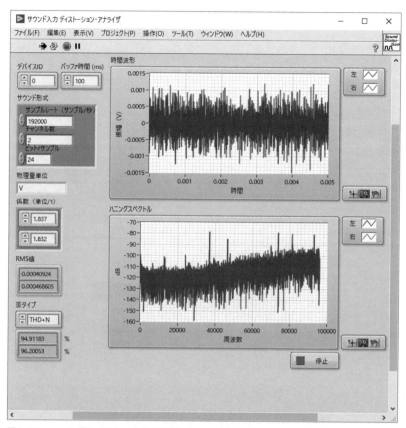

図6-116　ハニングスペクトルを見ると隠れたノイズ成分が含まれているのがわかる

しているからといって，むやみに高いサンプルレートで使うとかえって良くない結果になるかもしれません．

　USBのサウンド・デバイスで試したところ，歪率は0.003%くらいでした．このデバイスにはライン入力があり，ライン出力とライン入力を直結した結果です．スペクトルはとても整っていて，ノイズは-125dB以下です．クロック漏れのような成分は20kHz付近にありますが，-112dB以下です．聴感フィルタがない状態でこの成績は優秀です(**図6-117**)．測定に使うなら，断然こちらでしょう．

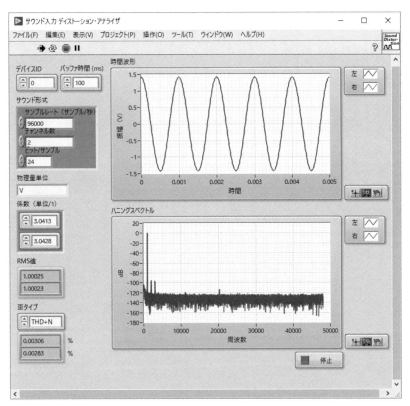

図6-117　USBのサウンド・デバイスを使った場合の歪特性の例

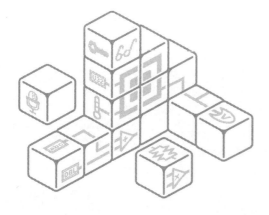

第7章
自動測定プログラムの設計

　本章では，LabVIEWによる自動測定プログラムに挑戦します．アンプやフィルタなどの周波数特性を自動測定するプログラムです．

▶ 本章の目次 ◀

7-1　自動測定プログラムの設計
7-2　ブロック・ダイアグラムの作成
7-3　自動測定VIのテストと課題

7-1 自動測定プログラムの設計

● ステート・マシン

第6章でジェネレータVIとアナライザVIをそれぞれ操作して，周波数を変えたり振幅を変えたりしながら結果を見るということを行いました．このような少しずつ条件を変えて測定を繰り返し，結果をまとめるような作業は，プログラムを組んで自動的に行わせると便利です．

最初は，決まった手順に従って一本道を進んで終わるだけかもしれませんが，そのうち途中の処理結果によって次にやることを変えたり，前に戻ったりしたくなります．そのためには，処理と条件分岐が自由にできる命令の構造が必要です．LabVIEWにはループとケース・ストラクチャしかありませんが，これを使えばどのようなシーケンスでも組めます．まず，簡単なステート・マシンを使ってみましょう．

プログラム・シーケンスを考えるとき，フローチャートや状態遷移図を使う方も多いと思います．LabVIEWのステート・マシンは，状態遷移図と非常に相性が良いプログラム構造です．いくつかの状態（ステート）を定義し，その中で決められた処理を行います．処理の結果によって，次に移動すべきステートを決定し，移動します．

LabVIEWでこの構造を描くと，図7-1のようになります．列挙体定数には，"初期化"のほかに複数のステート名が定義されています（図7-2）．ケース・ストラクチャはステート名の数だけケースがあり，

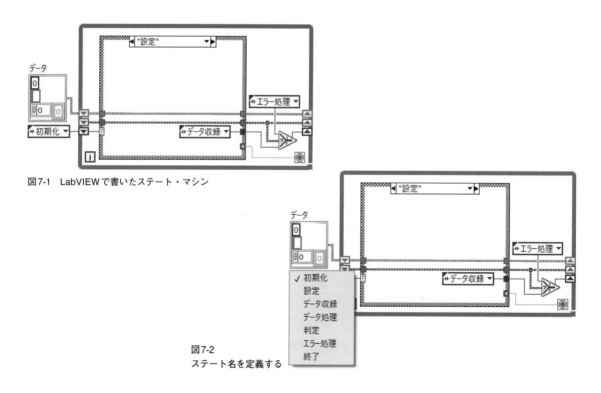

図7-1 LabVIEWで書いたステート・マシン

図7-2 ステート名を定義する

256　第7章　自動測定プログラムの設計

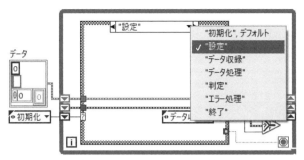

図7-3 ケースの中から次の行き先のステートを決める

その中で処理を行って次の行き先ステートを決定します（図7-3）．Whileループは，ケース・ストラクチャを繰り返し実行します．Whileループの左右の辺にある▼と▲はシフト・レジスタといって，データ処理のある回に右側の▲に渡されたデータが，その次の回に左側の▼から取り出せます．これにより，次に進むステートを渡したり，引き継ぐデータを渡したりできます．

● プログラムの構造

それでは，アンプやフィルタなどの周波数特性を自動測定するプログラムを作ります．正弦波の周波数を，開始から終了まで決まった間隔で変化させ，被測定回路に入力します．回路の出力信号のレベルを測定して，周波数に対する増幅度（ゲイン）の変化をグラフと表にします．測定中に途中経過とグラフおよび表を更新し，最後に周波数帯域を計算します．

測定には，前章で作ったジェネレータVIとアナライザVIをそのまま利用します．2つのVIをデバイスIDとサンプル・レート，ビット数を指定して起動してから，ジェネレータへ出力振幅と周波数を指示し，アナライザVIからRMS値を読み取ります．そのためにVIサーバという，別のVIをリモート・コントロールする機能を使います．

周波数の変化は，1/Nオクターブで指定します．周波数を変えてから測定値が安定するまでの待ち時間も変えられるようにしましょう．

ワンポイント・アドバイス──オクターブと人間の聴覚

音響計測では1/Nオクターブ間隔で周波数を区切るのが一般的です．1オクターブは周波数が2倍になるまでの範囲です．1kHzを基準として，低域は1/2倍，高域は2倍を繰り返していきます．データが粗すぎるときは，間隔を1/3などに縮めて用います．人間の聴覚にはこのような等比的な周波数が合います．JISやISOの規格では，切りのよい値に丸めた周波数や計算式が規定されていますが，今回は1kHzを基準に単純な等比計算で割り出したので，規格からは外れています．

ステートと内容は，表7-1のようにしました．周波数変更ステートに判定を集めましたが，判定ステー

表7-1 ステートと処理の内容

ステート	処理	遷移先
初期化	2つのVIを起動，測定周波数の計算	周波数変更
周波数変更	中止ボタン	終了
	全周波数完了	完了
	測定周波数をジェネレータVIへ送信	測定
測定	アナライザVIからRMS値を読み取り，ゲインを計算，データ蓄積，グラフと表の更新	周波数変更
完了	周波数帯域の計算と表示	終了
終了	2つのVIを終了，自身の終了	
エラー	エラー内容の表示，2つのVIを終了，自身の終了	

図7-4
信号源設定の中に数値制御器を3つ配置する

トを別に設けてもよいと思います．終了ステートとエラー・ステートは共用できそうです．エラーの有無は，次のステートへ移る間に判定します．

内部で持つデータとしては，次のようなものがあります．

- 測定周波数の配列
- 左チャネルのゲイン配列
- 右チャネルのゲイン配列
- 測定周波数の数
- 回数カウンタ

● フロントパネルの作成

　まず，フロントパネルから始めましょう．Ctrl+Nまたは「ファイル」メニューの「新規VI」を選んで新しいフロントパネルを作ります．クイックドロップとコピーを多用して，どんどん作っていきましょう．構造や表記法が同じ制御器をコピー元にするのがコツです．

　「クラスタ（シルバー）」をドロップして，ラベルを「信号源設定」とします．「数値制御器（シルバー）」をクラスタ内にドロップしてラベルを「デバイスID」とします．「デバイスID」をクラスタ内で2つコピーします．ラベルは「サンプルレート」と「ビット数」です．「信号源設定」クラスタのふちでポップアップして「自動サイズ調整」→「縦に整列」を選びます．表記法は「デバイスID」がU32，「サンプルレート」がDBL，「ビット数」がI32です（図7-4）．

　「信号源設定」クラスタを2つコピーして，ラベルを「解析設定」と「測定周波数」とします．「測定周波数」の「ビット数」を削除し，残りの制御器のラベルを「開始」と「終了」に変え，表記法をDBLにします．「測定周波数」クラスタ内に「列挙体（シルバー）」をドロップしてラベルを「ステップ」とします．「ステップ」の項目は，「1/1 オクターブ」「1/3 オクターブ」「1/6 オクターブ」「1/12 オクターブ」「1/24 オクターブ」とします．

コラム8　周波数特性について

音は空気が局部的に伸び縮みして圧力が変化し，それが玉突きのようにして先へ伝わっていきます．空気のないところでは音は伝わりません．人間の耳に到達すると鼓膜が空気の圧力変化によって振動するので，それを神経で読み取って脳に伝達し，音として認識しています．マイクロホンは鼓膜の代わりに振動板を揺らし，その機械的な振動を電気信号として取り出しています．音声信号は空気の圧力変化を読み取ったものです．

大きな音は，圧力変動の幅（波の振幅）が大きいということです．そして，周波数は振動の細かさに相当します．周波数が小さい（低い）ほど「低い音」，周波数が大きい（高い）ほど「高い音」として聞こえます．

単一の周波数の信号はいわゆるサイン波です（**図7-A**）．しかし，実際の音は一つの周波数だけで存在することは稀です．違う楽器で同じ音階の音を出したとき，それがピアノか，ギターか，フルートかを区別できるのは，音階を決める周波数の音のほかに音色を決める周波数の音がたくさん混じり合っているからです．

音を電気信号に変換したり，電気信号を伝送・増幅・記録・再生したり，電気信号を音に変換したりするときに，元の信号の形をなるべく変化させたくない場合は，すべての周波数にわたって成分の割合を保ったまま伝えることが必要です．また，特定の周波数の範囲だけに注目して信号を抜き出したい（フィルタ）こともあるでしょう．対象となる経路に入った信号と出てきた信号の大きさの比を周波数に対して示したのが周波数（対振幅）特性です．一種の伝達特性と言え，規定の周波数範囲（帯域）で，でこぼこが少なく平ら（フラット）であるとか，フィルタの通過特性が設計どおりになっているかなどが評価できます．

周波数帯域が違ってもその考え方は当てはまります．部品であれば，その特性が使おうとする回路の周波数に適しているのかどうかといった指標になります．ただし，周波数が高くなると，振幅のほかに周波数ごとの位相のずれ（位相特性や遅延特性）が大きな影響を与えるようになってきます．

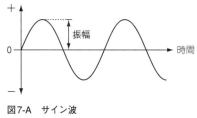

図7-A　サイン波

「開始」と「終了」制御器をクラスタの外へコピーして，ラベルを「出力振幅（V_{pk}）」と「待ち時間（秒）」にします（図7-5）．

「XYグラフ」をドロップして，ラベルを「周波数特性」にします．プロット凡例を2プロット表示し，名前は「左」と「右」．プロットはポイント間を直線で結ぶタイプにします．Y軸はスケール・ラベルを「ゲイン（dB）」に，表示形式は小数点以下3桁に変更します．X軸はスケール・ラベルを「周波数（Hz）」に，表示形式はSI表記，マッピングはログ（対数）にします．グラフ・パレットとカーソル凡例を表示します．これらは該当する箇所でポップアップしてそれぞれ設定するか，ポップアップからプロパティ・ウィンドウを出し，まとめて設定することもできます．

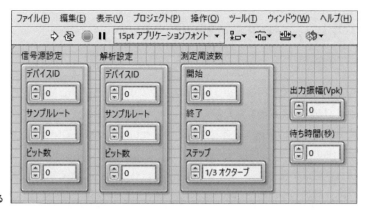

図7-5
測定条件の設定用制御器を配置する

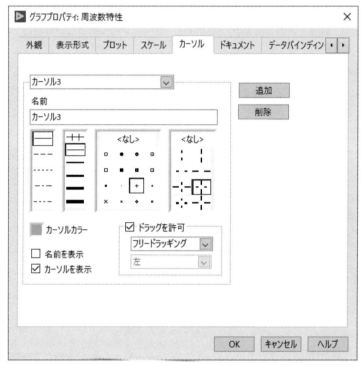

図7-6
カーソルの設定画面

　カーソルは，周波数帯域を示すために使います．プロパティ・ウィンドウのカーソル・タブで「追加」を繰り返して4つ作成します．カーソル0と1を左用に，2と3を右用にするので，組になるカーソルの色を同じにします．波形トレースの色を元に少し明るめにするとよいでしょう．ポイント・スタイルとカーソル・スタイルも好みのものに変えてください（**図7-6**）．カーソル凡例のスクロール・バーを水平，垂直とも非表示にするのは，カーソル・パレットでポップアップする必要があります（**図7-7**）．
　「サンプルレート」と「ビット数」をクラスタの外にコピーし，2つがまだ選択されている間にポップアッ

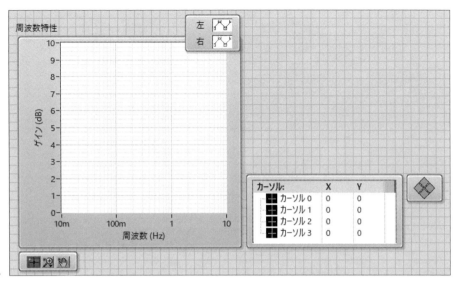

図7-7
グラフ表示の外観

プして「表示器に変更」を選びます．ラベルを「現在の周波数」と「現在のステップ」にします．「現在のステップ」をコピーしてラベルを「ステップ数」に変えます．

「配列-文字列（シルバー）」をドロップして，「周波数帯域」に変え，ポップアップして「表示器に変更」します．スクロール・バーでポップアップして「表示項目」→「垂直スクロール・バー」でスクロール・バーを消します．幅を少し広げてください（図7-8）．

「表（シルバー）」をドロップしてラベルを「特性表」に変え，表示器に変更します．ポップアップして「表示項目」→「水平スクロール・バー」で水平スクロール・バーを，「上級」→「選択項目を表示」で選択マークを消して，「列ヘッダ」で列ヘッダを表示します．列ヘッダには，左から「周波数(Hz)」「左(dB)」「右(dB)」と入力します．セルの横幅を調整してください（図7-9）．

ワンポイント・アドバイス ── 列幅を同一に保つには

表制御器でShiftキーを押しながら垂直ラインをドラッグすると，すべての列幅を同一に保ちながら変えられます．

「キャンセル・ボタン（シルバー）」をドロップして，ラベルとブール・テキストを「中止」に変え，ラベルの表示を消します．

全体のレイアウトを整えてください．なるべく機能（設定項目，操作スイッチ，状態表示，結果表示）ごとにまとめるようにし，左上から順に設定→表示のように流れがあると使いやすさにつながります．また，制御器の間隔に規則性をもたせ，大きさが違う制御器は上下左右どこかの端が揃うようにすると収まりがよくなります．ツール・バーの整列ツールもうまく使ってください．パネル・サイズは，想定

図7-8
数値表示器を用意する

図7-9　特性表の外観

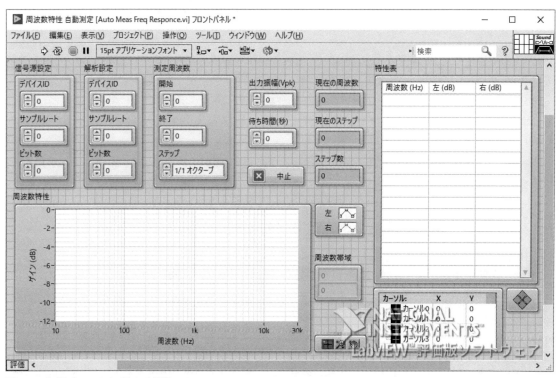

図7-10　完成したフロントパネルの外観

されるPCの解像度ではみ出ないようにすることも大切です．ノートPCの場合，1366×768ドットを最小とし，縦のサイズからタスク・バーの高さを差し引くのを忘れないでください．ウィンドウ・タイトルとアイコンのデザインもしておきましょう（図7-10）．

Ctrl+Sで保存しようとすると，ファイル・ダイアログが開くので，ファイル名を決めて保存してください．ここでは，Auto Meas Freq Response.viとしておきます．

 ## 7-2　ブロック・ダイアグラムの作成

● 外周ループの作成

　ブロック・ダイアグラムには，制御器と表示器のターミナルだけがあります．もし，アイコンになっていたらCtrl+Aですべてを選択し，どれかでポップアップして「アイコンとして表示」を解除してください．Ctrl+Shift+Aで左揃え，Ctrl+Dで縦に並べて（意図と違ったらCtrl+Zで戻し，整列ツールで操作），ウィンドウの左端にでも移動してください．空いたスペースにWhileループをドロップして大きくします．さらにWhileループの中にケース・ストラクチャをドロップして大きくします．マウス・ポインタがサイズ変更ツールのときに，ウィンドウの外側に小さくサイズが表示されるので，Whileループが(920, 520)，ケース・ストラクチャが(780, 500)くらいにできると思います（図7-11）．

　「列挙定数」をドロップしてポップアップし「タイプ定義に指定」します．再びポップアップして「タイ

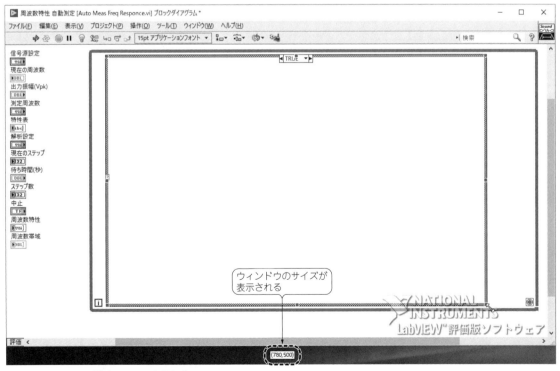

図7-11　Whileループとケース・ストラクチャ

プ定義を開く」にすると制御器の編集ウィンドウが開くので，ラベルを「ステート」にし，内容を「初期化」「周波数変更」「測定」「完了」「終了」「エラー」にします（図7-12）．Ctrl＋Sで「自動測定ステート」として保存します．制御器編集ウィンドウを閉じると，「未保存の変更があります」というダイアログが出るので「保存」してください．できた列挙体定数をWhileループの外からケース・ストラクチャのセレクタ端子に配線します．位置は，下のほうがよいでしょう（図7-13）．

ワンポイント・アドバイス —— 後から変更する定数

このステート定数のようにあちこちに置かれて，後から変更や追加が予想される定数は，列挙体のタイプ定義で作ります．

「クラスタ定数」をドロップして，その中に「配列定数」をドロップし，その中に「DBL数値定数」をドロップします．配列定数のラベルを表示して「測定周波数」にします．「測定周波数」配列をクラスタ内で2つコピーし，「左データ」と「右データ」にします．さらに，クラスタ内に「数値定数」をドロップとコピーして2つ作り，「測定点数」と「測定カウンタ」にします．クラスタのふちでポップアップして「自動サイズ調整」→「縦に整列」したら，Whileループの外からケース・ストラクチャのふちへ配線します．トンネルの位置は，ステート定数の近くがよいでしょう（図7-14）．

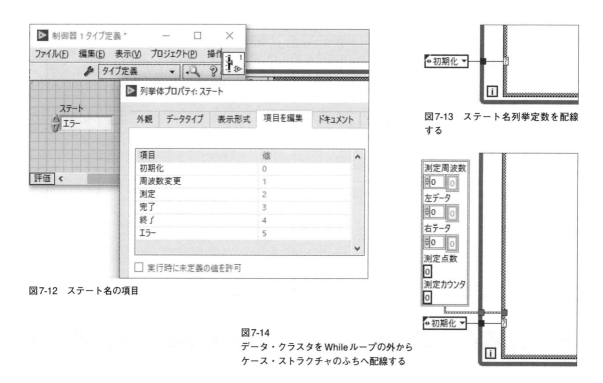

図7-12 ステート名の項目

図7-13 ステート名列挙定数を配線する

図7-14 データ・クラスタをWhileループの外からケース・ストラクチャのふちへ配線する

「スタティックVIリファレンス」をドロップしてコピーし2つ置きます．ポップアップして「パスを参照」から，Sound Output Function Generator.viを選択してOKします．すると，ジェネレータVIのアイコンが表示されます（図7-15）．もう一つのスタティックVIリファレンスは，オーディオ・アナライザVI（Sound Input Audio Analyzer.vi）を参照先にします．2つのスタティックVIリファレンスは，Whileループの外側に置きます．

> **ワンポイント・アドバイス —— 参照先VIの指定**
>
> 参照先VIの指定は，対象とするVIのフロントパネルを開き，右上のアイコンをドラッグ＆ドロップしてもできます．

● 初期化ステートの作成

ケース・ストラクチャのセレクタ・ラベルをクリックして，「"初期化"，デフォルト」を選びます．「出力振幅」「信号源設定」「解析設定」「測定周波数」「ステップ数」ターミナルをケース・ストラクチャの中に入れます（図7-16）．

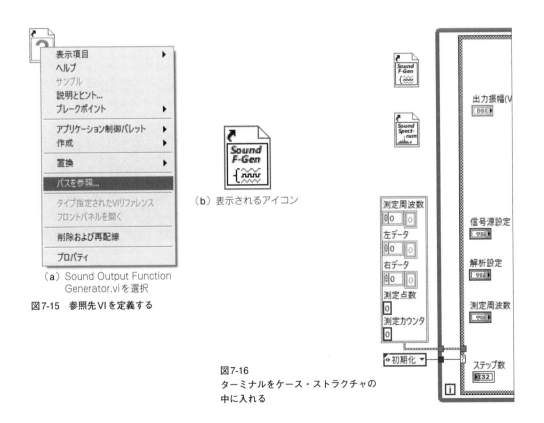

（a）Sound Output Function Generator.viを選択
図7-15 参照先VIを定義する

（b）表示されるアイコン

図7-16 ターミナルをケース・ストラクチャの中に入れる

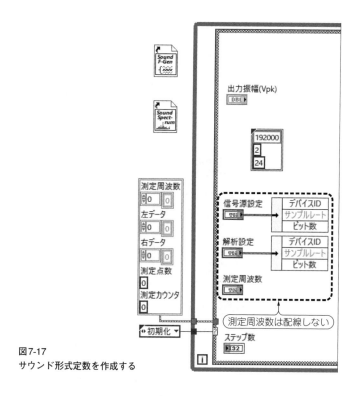

図7-17
サウンド形式定数を作成する

　「信号源設定」ターミナルでポップアップして「クラスタ，クラス，バリアント・パレット」→「名前でバンドル解除」を選んでおき，ターミナルから配線したら「デバイスID」「サンプルレート」「ビット数」の3要素が表示されるようにします．「名前でバンドル解除」をコピーして「解析設定」ターミナルから配線します．「測定周波数」からは「開始」と「終了」の2つを取り出します．

　「スタティックVIリファレンス」をダブル・クリックすると参照先のVIが開くので，「サウンド形式」制御器を作成中のダイアグラムにドラッグ＆ドロップして，定数を作ります（図7-17）．作成した定数のふちでポップアップして「クラスタ，クラス，バリアント・パレット」→「バンドル」を選んでおき，中央の「クラスタ」入力（左側の要素入力ではありません）に定数から配線します．すると3要素の入力になるので，いちばん上の要素入力に，「信号源設定」ターミナルから取り出した「サンプルレート」を，いちばん下の要素入力に，「ビット数」を配線します．2番目の要素入力は何も配線しません．

> **ワンポイント・アドバイス — 原型データをバンドル入力に接続すると**
> 　このように原型データをバンドル入力に接続した場合，配線した要素の値だけが入れ替わります．「名前でバンドル」でも同じですが，要素名が空白だと参照できません．「バンドル」と「バンドル解除」関数は要素名を定義しなくても使えて省スペースですが，コードの読みやすさという観点からは「名前でバンドル」と「名前でバンドル解除」関数を推奨します．

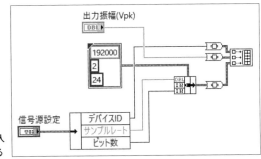

図7-18
ジェネレータVIへのパラメータを3入力にしてバリアントを配列にまとめる

「バンドル」関数のバンドル出力端子でポップアップして「クラスタ，クラス，バリアントパレット」→「バリアント」→「バリアントへ変換」を選んで置き，バンドル出力から配線します．「バリアントへ変換」を2つコピーして上に置き，一つに「信号源設定」の「デバイスID」を，もう一つに「出力振幅（V_{pk}）」ターミナルから配線します．「配列連結追加」をドロップして3入力にしてバリアントを配列にまとめます（図7-18）．

「インボークノード」をドロップして，リファレンス入力にジェネレータVIのスタティックVIリファレンスから配線します．「メソッド」をクリックして，「制御器の値」→「設定」を選びます．これは参照先VIのパネルにある制御器に値を設定します．ノードのエラー入力でポップアップしてエラー定数を作成します．

👉ワンポイント・アドバイス —— 日本語名

メソッド名が英語でわかりづらければ，ポップアップして「名前形式」を「長い名前」にすると日本語になります．

インボークノードを右側にコピーして，項目名を「フロントパネル」→「開く」に変更します．もう一つ右側にコピーして，項目名を「VIを実行」にします．「Wait Until Done」でポップアップして「作成」→「定数」でブール定数（F）を作ります．3つのインボークノードのリファレンスとエラーのワイヤを数珠つなぎに接続してください（図7-19）．

「Forループ」で最初のインボークノードを囲みます．次に，文字列を要素とする配列定数をForループ外に作って，内容を「デバイスID」「振幅（V_{pk}）」「Sound Format」にします．これらの名前は対象とする制御器のラベルと完全に一致していなければならないので，ジェネレータVIのダイアグラムでラベル名をコピーして貼り付けるのが確実です．文字列配列をForループ内の「Control Name」に配線します．先ほどのバリアントの配列を「Value」に配線します．エラー定数は，ふちをダブル・クリックして小さくします（図7-20）．

「解析設定」ノードのほうでも同じことやりたいので，「バンドル」関数から後のコードをまとめて選択

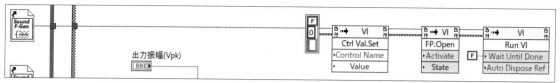

図7-19 インボークノードを配線する

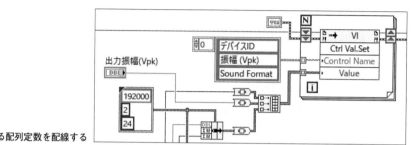

図7-20
制御器へ値を設定する配列定数を配線する

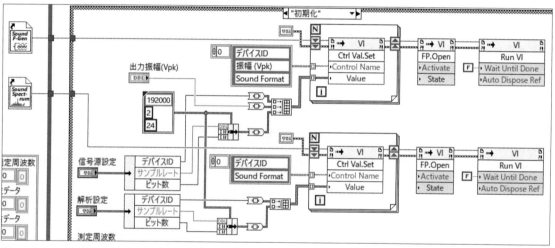

図7-21 アナライザVIの操作ダイアグラムが完成

して，コピーしてください．インボークノードへのリファレンスは，アナライザVIのスタティック・リファレンスです．文字列配列のうち，「振幅(V_{pk})」は不要なのでポップアップして「データ操作」→「要素を削除」で削除します．同じく，バリアントの配列も2要素だけにします(図7-21)．

● オクターブ周波数を生成するサブVIの作成

1/Nオクターブの周波数配列を生成するサブVIを作りましょう．まず，Ctrl+Nで新しいVIを開きます．そのダイアグラムに，自動測定VIの「測定周波数」ターミナルをドラッグ&ドロップしてください．すると，フロントパネルに「測定周波数」制御器ができます．

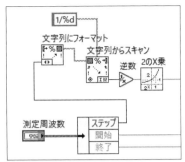

図7-22
1/Nオクターブ比を計算するプログラム

ワンポイント・アドバイス —— ドラッグ&ドロップ

自動測定VIのフロントパネルにある「測定周波数」制御器を，新しいVIのフロントパネルにドロップしてもできます．フロントパネルの制御器をダイアグラムにドロップすると定数になり，ダイアグラムの定数をフロントパネルにドロップすると制御器になります．

ダイアグラムでクイックドロップを使ってノードを置きます．「文字列にフォーマット」「文字列からスキャン」「逆数」「2のX乗」これらを使ってステップ間隔の係数を計算します（図7-22）．

ワンポイント・アドバイス —— 文字列の取り出し

「文字列にフォーマット」は数値などを文字列に変換する関数ですが，列挙体からは文字列を取り出すことができます．

「文字列からスキャン」は形式文字列（1/%d）によって，1とスラッシュに続く数値文字を整数に変換するように指定されています．つまり，1/3オクターブのときは3が，1/6オクターブのときは6が取り出されます．

他のコードは，図7-23を参考に作ってください．シフト・レジスタは，ループの左辺か右辺でポップアップして追加（図7-24）するか，トンネルをポップアップして置換（図7-25）します．また，出力トンネルで指標付けに条件を付けるには，出力トンネルでポップアップして「トンネル・モード」→「条件」のチェックを付けます（図7-26）．

フロントパネルで開始に20，終了に20000，1/1オクターブで実行したとき10個の配列に，1/3オクターブで29個の配列になればOKです（図7-27）．

ここでいったん保存します．ファイル名は，Generate Octave Frequency.viとでもしましょう．

上位（このVIを呼び出す側）のVIから値を受け取ったり，結果を返したりするためのコネクタを定義します．具体的には，コネクタに制御器か表示器を割り当てます．VIアイコンの左にあるコネクタ・

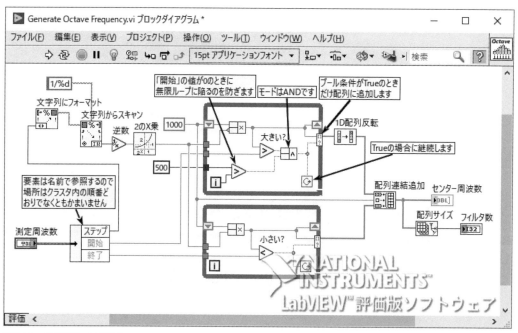

図7-23　サブVIのプログラム

図7-24　シフト・レジスタを追加する

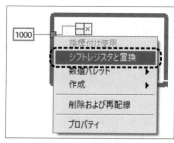

図7-25　トンネルをシフト・レジスタに置換する

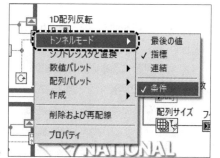

図7-26　トンネル・モードを設定する

270　第7章　自動測定プログラムの設計

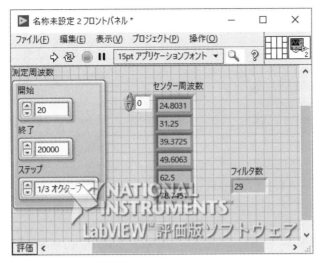

図7-27 サブVIをテストする

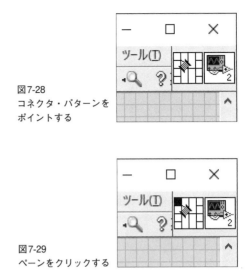

図7-28
コネクタ・パターンを
ポイントする

図7-29
ペーンをクリックする

図7-30
制御器とリンクさせる

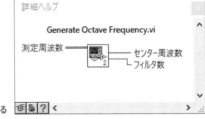

図7-31
詳細ヘルプで確認する

パターンにポイントすると，カーソルが配線ツールになります（図7-28）．

ワンポイント・アドバイス —— コネクタの端子数や配置

コネクタの端子数や配置は自由に変更できます．コネクタの絵の上でポップアップして出る「パターン」や「回転」などで行います．端子数が多くて空いているコネクタがあっても，またコネクタと関連付けていない制御器や表示器があってもかまいません．なるべく，この4-2-2-4タイプまたは5-2-2-2-5タイプに統一しておくと，きれいに上位VIを配線できます．

いちばん左上のペーン（端子の区画をこう呼ぶ）をクリックし（図7-29），次に「測定周波数」制御器をクリックすると，そこに割り当てられます（図7-30）．右端上から2番目のペーンに「センター周波数」表示器，その下のペーンに「フィルタ数」を割り当てます．Ctrl＋Hでヘルプ・ウィンドウを出して確認します（図7-31）．

ワンポイント・アドバイス──配線のやり直し

もし間違っていたら，コネクタ上でポップアップして「この端子を切断」または「すべての端子を切断」を選んでやり直します．

アイコンもデザインして（図7-32），上書き保存します．

作成したサブVIのアイコンを自動測定VIのダイアグラムにドロップして，「測定周波数」と「ステップ数」を配線します．「名前でバンドル」をドロップし，クラスタ入力にクラスタ定数が入っている入力トンネルから配線します．「測定周波数」と「測定点数」要素を表示し，サブVIの出力から配線します．出力クラスタは，Whileループの右辺まで配線します（図7-33）．

「ステート」定数をコピーしてケース内に置き，項目を「周波数変更」にしてWhileループの右辺まで配線します．「エラー結合」をドロップしてインボークノードのエラー出力をまとめ，エラー出力をWhileループの右辺まで配線します（図7-34）．

Whileループの右辺，クラスタ・データの出力トンネルでポップアップして「シフト・レジスタと置換」を選ぶと，トンネルがシフト・レジスタになります．そのまま，すぐにWhileループ左辺にあるクラスタ・データの入力トンネルをクリックすると，シフト・レジスタが確定します．

ステート定数のトンネルでも同じ作業をしてください．左右のトンネルの組み合わせが違うと正しく置換されないのでやり直してください．エラーの出力トンネルには入力トンネルがないので，Whileループの左辺をクリックします．図7-35に，初期化ステートの全体を示します．

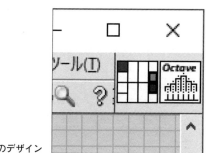

図7-32
アイコンのデザイン

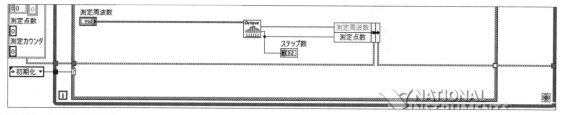

図7-33　サブVIに配線する

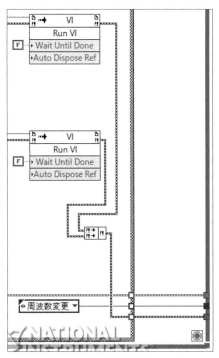

図7-34
エラー出力を結合する

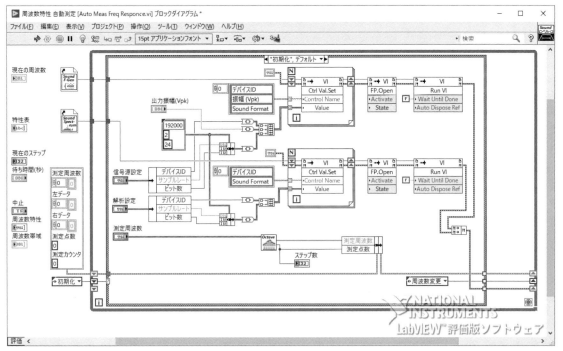

図7-35　初期化ステートの全貌

7-2　ブロック・ダイアグラムの作成　273

● 周波数変更ステートの作成

　ケース・ストラクチャのセレクタ・ラベルをクリックして，"周波数変更"を選びます．図7-36を参考にして，ダイアグラムを組んでください．各ノードのラベルを表示してあるので，クイックドロップの参考にしてください．

　インボークノードが入っているケースストラクチャのケースがFALSEです．もし，TRUEだったらそこでポップアップして，「このケースをFALSEにする」を選びます．TRUEケースは，図7-37のようになっています．「測定」「終了」「完了」の定数は，ステート定数をコピーして項目名を選び直したものです．

　このケースの動作は，「測定周波数」配列から「測定カウンタ」で示される指標番号の周波数を取り出し，ジェネレータVIの「周波数」制御器にセットして，「測定」ステートへ行きます．「測定カウンタ」が終了周波数の指標に達していた(前回はここで終了周波数を設定した)ら，「完了」ステートへ飛びます．もし，「中止」ボタンが押されていたら，終了ステートへ飛びます．

● 測定ステートの作成

　周波数変更ステートのセレクタ・ラベルでポップアップして，「ケースを複製」を選ぶと，内容ごとケー

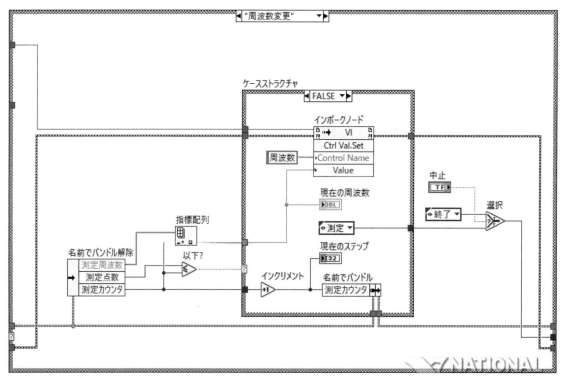

図7-36　周波数変更ステートのダイアグラム

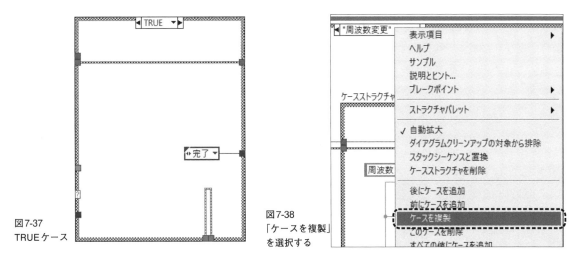

図7-37 TRUEケース

図7-38 「ケースを複製」を選択する

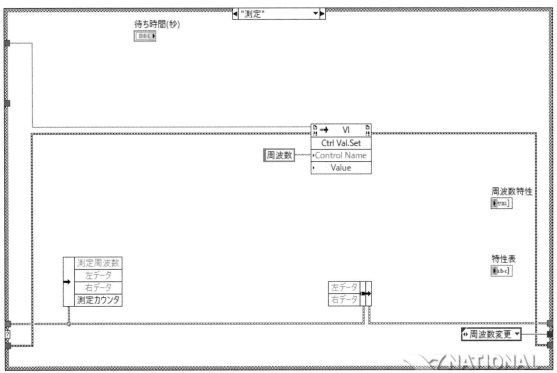

図7-39 測定ステートを作成する

スがコピーされます（**図7-38**）．自動的に"測定"ケースになるのは，選択肢が列挙体の特権です．ターミナルもコピーされてしまうので，それらは削除してください．ケースストラクチャのふちでポップアップして「ケースストラクチャを削除」すると，ケースストラクチャが消えて表示中だったケースの内容が

残ります.「待ち時間(秒)」「周波数特性」「特性表」のターミナルをケース内に移動して,バンドル関数の項目を選び直します.移行先ステートは「周波数変更」にします(図7-39).

インボークノードをクリックして,「制御器の値」→「取得」にし,制御器の名前を「RMS values」に変更します.ここは,アナライザVIの「RMS値」表示器のラベルです.キャプションと間違えないように注意してください.リファレンス入力は,アナライザVIのスタティック・リファレンスにつなぎ変えてください.

インボークノードをコピーして「Control Name」(制御器名)を「振幅(V_{pk})」に変え,リファレンス入力にジェネレータVIのスタティック・リファレンスを接続します.

「遅延時間」をドロップして遅延時間構成ではそのままOKし,ポップアップして「アイコンとして表示」にします.2つのインボークノードの間に入るように,エラーワイヤを接続し,「遅延時間(s)」端子には「待ち時間(秒)」ターミナルから配線します(図7-40).

「バリアントからデータへ変換」をドロップしてコピーし,2つにします.この関数の「バリアント」入力へは,インボークノードで取得した制御器(表示器)の値を接続します.「タイプ」入力へは,「振幅(V_{pk})」用はDBLのスカラを,「RMS values」用はDBLの配列を与えます.

ワンポイント・アドバイス —— タイプを通知するデータ

タイプを通知するためのデータは,型だけが使われて値は無視されます.

図7-41を参考に,他のコードを組んでください.やっていることは,出力振幅(ピーク値)を実効値に換算して,測定したRMS値との比(ゲイン)を対数に変換すること,今回のゲインを追加した左右のデータ配列と,現在の回数分切り出した測定周波数の配列を使ってXYグラフを描くこと,および2次元の文字列配列に組み上げて特性表に表示することです.左右の配列データは,クラスタ内に入れ直してシフト・レジスタに乗せて次回の追加に備えます.

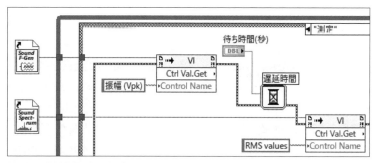

図7-40　遅延時間VIを挿入する

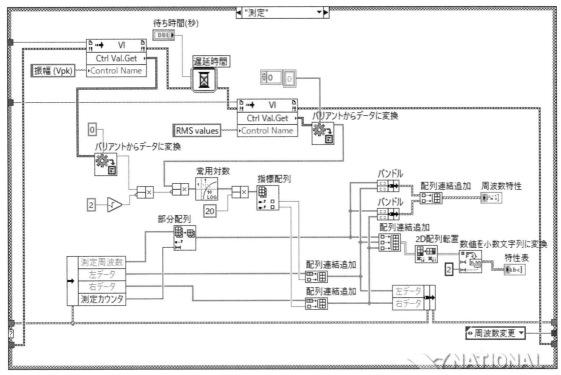

図7-41 測定ステートの全貌

> **ワンポイント・アドバイス —— 指標を配線しないと**
>
> 「部分配列」や「指標配列」関数で，指標を配線しないとゼロとみなされます．1Dの指標配列で複数を取り出すときは，上の指標番号＋1の要素が取り出せます．

● 完了ステートの作成

　測定ステートのセレクタ・ラベルでポップアップして，「ケースを複製」すると，"完了"ケースができます．「名前でバンドル解除」以外は削除してください．移行先のステートは「終了」にします．

　ここで，もう一つサブVIを作ります．周波数特性データから周波数帯域を求めるVIです．グラフで見たとき，周波数が変化してもレベルが変化しない領域を基準に，周波数が低い方と高い方へ検索していき，それぞれレベルが−3dBになる周波数の範囲を周波数帯域と定義します．−3dBまで下がらなかった場合は，検索方向最後の周波数を採用します．今回は，周波数1kHzときのレベルを基準として上下の周波数へ検索します．

　フロントパネル，ブロック・ダイアグラム，コネクタ・ペーンとアイコンは，**図7-42**のとおりです．

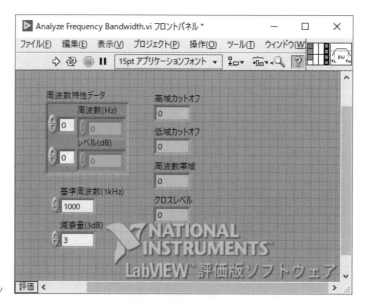
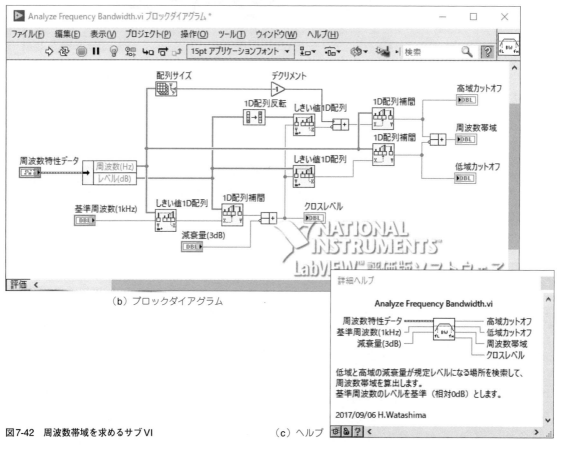

(a) フロントパネル

(b) ブロックダイアグラム　　　　　　　　(c) ヘルプ

図7-42　周波数帯域を求めるサブVI

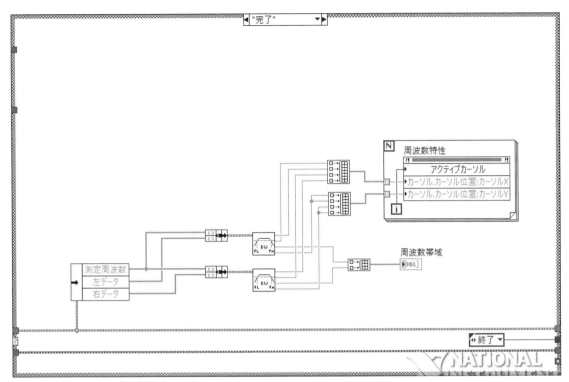

図7-43 完了ステートのプログラム(コード)

「しきい値1D配列」関数はデータが昇順(増加方向)に並んでいないと使えないので，高域に関しては配列の並びを反転して検索した指標(最後からの順番)を，先頭からの指標に直しています．「1D配列補間」は，データ・ポイント間を直線補完して中間値を割り出してくれます．ファイル名は，Analyze Frequency Bandwidth.viです．VIプロパティの「ドキュメント」カテゴリで記入した説明文が，ヘルプ画面に表示されています．

完了ステートのコードを，図7-43に示します．「周波数特性」グラフのプロパティ・ノードはポップアップして「長い名前」にしてあるので，項目を選ぶ際の参考にしてください．「カーソル.カーソル位置.カーソルX」のように，ドットで区切られているのは項目の階層を表しています．

● 終了ステートの作成

完了ステートのセレクタ・ラベルでポップアップして，「ケースを複製」すると"終了"ケースができます．コードはすべて削除します．移行先のステートは「終了」のままでかまいません．ここでは，ジェネレータVIとアナライザVIの「停止」ボタンにTRUEを設定することによってVI終了を終了した後，フロントパネルを閉じます．

コードを図7-44に示します．インボークノードをドロップするか，初期化ステートからコピーして

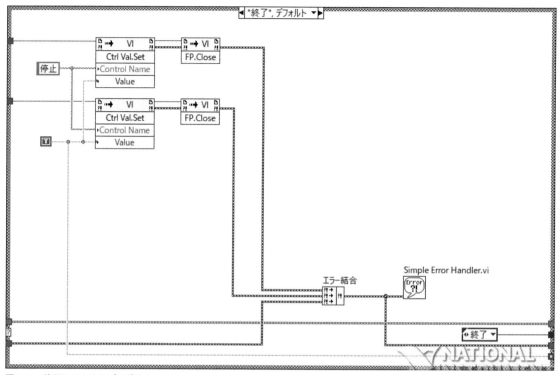

図7-44 終了ステートのプログラム

きます．Simple Error Handler.viは，「シンプルエラー処理」をドロップしてください．Whileループのループ条件には，このステートからTRUEを渡します．

このコードはエラーが起こった時の処理と同じなので，エラー・ステートもここを実行するようにします．具体的には，セレクタ・ラベルでポップアップして「このケースをデフォルトにする」を選びます．これは，用意したケース以外の値がセレクタ端子に入ってきたときに採用されるケースになります．

または，「"終了"，"エラー"」(カンマとダブルクォーテーションは半角)としてもOKです．セレクタ・ラベルに，複数の値をカンマで区切って書くとOR条件になります．

> **ワンポイント・アドバイス —— デフォルト・ケース**
>
> 通常，デフォルト・ケースは必ず必要です．例外は，列挙体がセレクタ値のときにすべての列挙文字のケースが用意されている場合と，セレクタ値が整数で取りうる値をすべてカバーする範囲指定がされている場合です．

エラーがあった(エラー・ワイヤにエラー情報が入っている)ときに，エラー・ステートを実行する

コラム9　周波数解析について

「コラム8　周波数特性について」でも触れていますが，自然界の信号は単一の周波数だけでなく，たくさんの周波数の信号が混じり合っています．音であれば，その集まった結果が音色であり，それぞれの楽器や声に特徴を与えています．たくさんの部品が集まってできている機械の振動であれば，それぞれの部品が個別に振動していて，それが集まって最終的な振動として測定されているわけです．それらの信号を時間グラフにしても，複雑な形をしていて特徴がうまくつかめないことがあります．

どの周波数で，どれくらいの強さの信号が混じり合っているかがわかれば，時間波形とは違った信号の特徴を見つけられるかもしれません．機械振動で低い周波数成分は比較的大きい部品や回転数が低い部分か，軸の偏芯など，1回転に1回の揺れである可能性があります．ギアの歯の数と回転数で周波数が決まるので，それに該当する周波数成分が大きければその部分が原因であると予想できますし，もっと周波数が高ければベアリングか，流体が動く音かもしれません．

信号を周波数成分に分解することを，周波数解析やスペクトラム解析と呼びます．考えられるのは，特定の周波数成分だけを通すフィルタを周波数ごとにたくさん並べておいて，その出力を表示する方法です．また，二つの信号を混ぜ合わせると，二つの周波数の差にあたる周波数の信号が現れることを利用したのがスペクトラム・アナライザです．内部でサイン波を発生させて(局部発振器)測定信号と混ぜ合わせ，差分の周波数だけをフィルタを通して取り出します．サイン波の周波数を低いほうから高いほうまで変化(スイープ)させれば，フィルタは1つでスイープ範囲±差分の周波数成分が取り出せます．スペクトラムとは，各周波数成分の大きさのことです．

元々の周波数が高くて増幅などが困難でも，差分周波数は低いので扱いやすくなります．これをヘテロダイン方式といい，実際にはそれを何段か重ねて行っています．ラジオなどの電波受信機も同じ原理を使っていて，局部発振器の周波数を調整して受信したい放送局の周波数を選びます．ちなみに，差分の周波数をIF (Intermediate Frequency)と呼びます．

これらはアナログ信号処理の技術ですが，時間波形データをディジタル演算処理をして周波数成分を割り出そうというのがFFTアナライザです．前段にダウン・コンバータ(ヘテロダイン方式で周波数を下げる変換器)を付ければ，高周波信号もFFTアナライザ方式で解析できます．

コードを追加します．各ステートに同じコードがあるのは無駄なので，ステートを抜けてきた場所で一括処理します．また，ループ条件へつながるブールの出力トンネルでポップアップし，「配線されていない場合，デフォルトを使用」を選びます．すると，終了とエラー・ステート以外のステートからはFALSEが出ます．ループ条件が「TRUEの場合停止」なので，終了またはエラー・ステート以外のときはループが回り続けます(図7-45)．

実行ボタンが壊れていなければ完成です．Ctrl+Sで保存します．

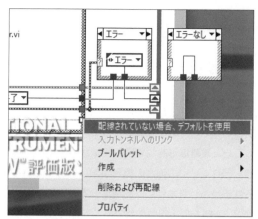

図7-45
エラー処理コードとループ条件

7-3 自動測定VIのテストと課題

　PCのヘッドホン出力とマイク入力をケーブルで直結します．フロントパネルのサンプル・レートとビット数をPCの最高の組み合わせにして，開始周波数を10Hz，終了周波数をサンプル・レートの1/2，ステップを1/3オクターブ，出力振幅を1V，待ち時間を1秒にして，実行してみましょう．ジェネレータVIとアナライザVIが起動して測定シーケンスが走り，完了すると閉じるでしょうか？

　このPCの特性を，**図7-46**に示します．ヘッドホン出力とマイク入力のトータルで16Hz～74kHzの帯域があります．

　もし，**図7-47**のようなエラー・メッセージが出る場合は，制御器の設定メソッドに渡す制御器名のどれかが間違っています．他のエラーが出る場合はメッセージの内容を見て，エラー箇所を特定して修正してください．ダイアグラムのワイヤでポップアップして「プローブ」を選ぶと，値をモニタするウィンドウが開きます．ブレークポイントも設定できます．自動測定VIは，時間にクリティカルなハードウェア制御を行っていない（2つのVIに追い出してある）ので，実行のハイライトも利用できます．

　どうしてもうまくいかないときは，付属DVD-ROMのExampleフォルダ内に完成したVIがあるので，それをコピーして開いてください．ジェネレータVIとアナライザVIもコピーしたなら，係数を校正して，デフォルト設定にして保存し直すことを忘れないでください．

● パッシブ・フィルタの測定

　ブレッドボードに簡単なRCフィルタを組んで実験してみました．回路は**図7-48**です．ヘッドホン出力の出力インピーダンスが73Ω，マイク入力のバイアス抵抗が3.37kΩなので，$1 \div \{2 \times \pi \times (100 + 73) \times 0.1\mathrm{E}-6\} \doteqdot 9200\mathrm{Hz}$のローパス・フィルタと$1 \div \{2 \times \pi \times 3.37\mathrm{E}3 \times 2 \times 0.1\mathrm{E}-6\} \doteqdot 240\mathrm{Hz}$のハイパス・フィルタによるバンドパス特性になると予想できます．実験のようすを**図7-49**に示します．

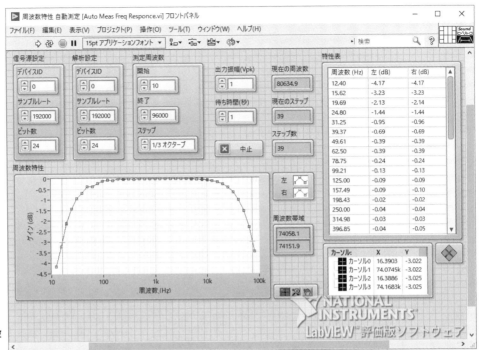

図7-46
入出力直結の周波数特性

図7-47 エラー・メッセージの例

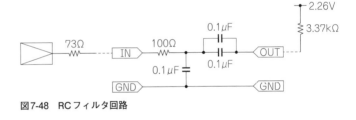

図7-48 RCフィルタ回路

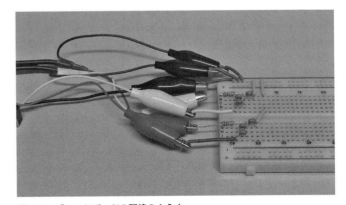

図7-49 ブレッドボードの配線のようす

7-3 自動測定VIのテストと課題

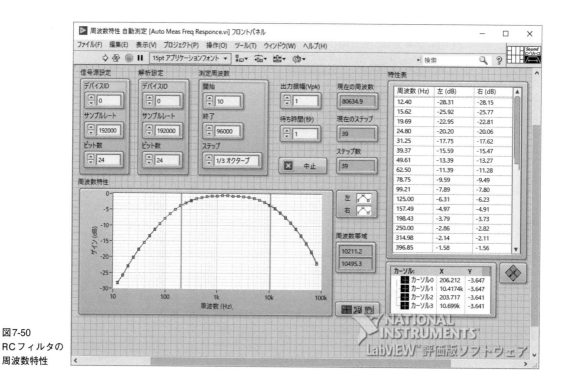

図7-50
RCフィルタの
周波数特性

結果は，図7-50のようになりました．高域と低域の減衰特性はオクターブ当たり－6dBになるはずですが，そう見えないのはシステムの特性が影響していると考えられます．低域のカットオフ周波数が約205Hzです．計算からの誤差が大きいのは，オープン-ショート法で測ったバイアス抵抗値より交流的インピーダンスが高いのかもしれません．

● 自動測定VIの課題

これで自動測定プログラムらしきものができましたが，いくつか課題もあります．ハードウェアの性能はひとまず除外するとして，ソフトウェアの完成度という観点からいくつか挙げてみると……．

- 1回実行して終わるのではなく，開始ボタンで繰り返し測定させたい
- 測定結果をファイルに保存したい．また，読み込んで表示させたい
- 設定をファイルに保存しておいて必要に応じて呼び出したい
- 基準特性を記憶しておいて，差分をとりたい
- 減衰量の基準を1kHzのときのレベルに固定せずに任意に変えたい
- LabVIEWが入っていないPCでも実行したい

他にもアイディアはあると思います．これらの機能を実現するにはどうしたらよいでしょうか．各機能に「する / しない」のスイッチを設けておき，実行するとそれに従って動くというのも一つの方法で，

実験のためのプログラムならばそれで充分実用になります．

もっと便利にするには，各機能に割り当てたボタンやメニューがあって，ユーザが操作することで機能が実行されるのがよさそうです．PCのアプリケーションは，たいていそのようなユーザ・インターフェースになっています．プログラムの構造（アーキテクチャ）としてはイベント駆動型の一つで，ユーザの操作を契機として機能が実行される，という動き方です．このVIでは「中止」ボタンがそうですが，すべての機能をユーザが操作するようにできれば，作成者以外の人にとっても使いやすいアプリケーション・プログラムになります．

LabVIEWが入っていないPCで動かすには，インストーラ・プログラムを作成して配布する必要があります．「現在の値をデフォルト設定にする」機能は使えませんので，PCごとに校正した係数をユーザが意識しないところで記憶するようにしなくてはなりません．また，最後に使ったときの設定を，次に起動したときに再現してくれると便利です．

開発環境で動かしているときは，動作がおかしくなったら止めることができます．しかし，アプリケーション・ソフトではそれができないので，動かない状況に陥らないようにしなければなりません．例えば，「やってはいけない操作」を封じるか，やられたときに回避するようプログラムを組む必要があります．エラーが起こった時の動作も考えなくてはなりません．

● キューメッセージ・ハンドラとテンプレート

課題に挙がっていた機能を実装したVIを，図7-51に示します．ダイアグラムは図7-52のようになっ

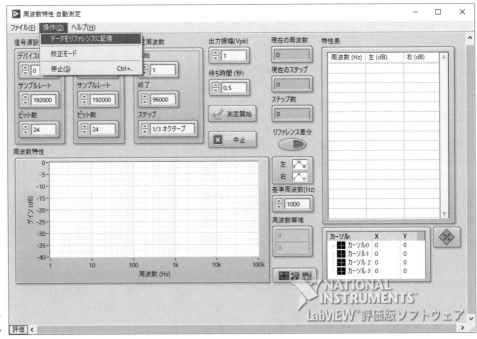

図7-51
アプリケーションのフロントパネル

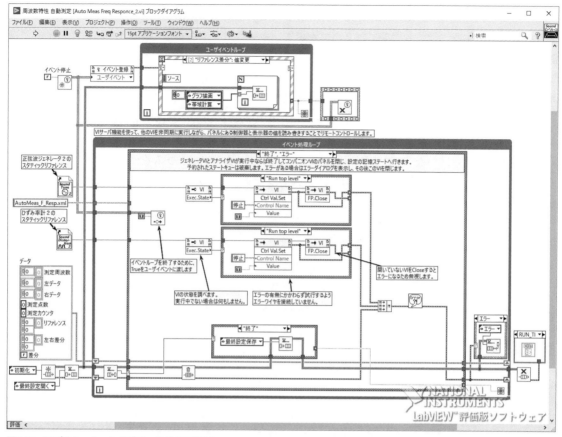

図7-52 アプリケーションのブロックダイアグラム

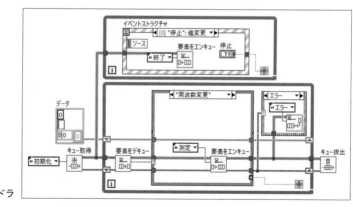

図7-53
キューメッセージハンドラ

ています．

　説明のために簡略化したのが**図7-53**で，「イベント駆動型キューメッセージハンドラ」という構造です．「キュー取得」関数で，列挙定数をデータ・タイプとしたキュー（待ち行列）を作成してステートの制

286　　第7章　自動測定プログラムの設計

御に使っています．「要素をエンキュー」関数でキューに追加したメッセージ（ステート名）が，「要素をデキュー」関数で取り出されて，実行するステートが決まります．キューはリファレンスで値は不変なので，シフトレジスタに乗せる必要はなく，キューを参照できればどこからでもメッセージを送信できます．そこで，ループをもう一つ作ってユーザ・イベントを検出し，操作に応じたメッセージを送信しています．

> **☝ ワンポイント・アドバイス ── リファレンス（参照番号）**
>
> リファレンス（参照番号）はデータ本体ではなく，データ本体の所在地を示す番地のようなものです．基本的に，LabVIEWのワイヤにはデータが流れています（実行中にプローブで見ると値の変化が見える）が，リファレンスは作成したときに値が決まり実行中に変化しません．

　キューはいくつかのメッセージを待ち行列に入れておいて，古い順に取り出して処理できます．したがって，下のループで処理をしている最中でも，ユーザの操作を待たせずに済みます．また，いくつかのステートを特定の処理用に作成して，それらの実行順をまとめて指示するような使い方ができます．そうすると，ステートをサブルーチンのように扱えます．

　この構造は，対話型のユーザ・インターフェースをもった処理プログラムを作るときに普遍的に利用することができます．このような「××の処理をするにはこう作るとよい」というプログラミング例を「デザインパターン」と呼びます．先輩のプログラマたちが考案し，実践しながら洗練させてきた資産です．LabVIEWにもたくさんあるので，興味のある方は調べてください．いくつかは，LabVIEWに最初から付属しています．

　自分でも，たいていの場合に共通して使うと思われる機能を作り込んで，それをひな形として保存しておけば，必要なときに読み込んで機能を追加するだけで手早く同種のプログラムを作ることができます．そのときのひな形（テンプレート）の拡張子は.vitにします．VIテンプレート・ファイルをエクスプローラから開くと，元のファイル名に通し番号が追加された未保存のVIとして開くので，元のテンプレート・ファイルを上書きする心配もなく修正できます．LabVIEWのスタートアップ画面から，あらかじめ用意されたテンプレートを呼び出せるようになっています．それぞれどういう構造になっているか見てみることをお勧めします．

　プログラムがもっと大規模になり，多数の独立したVIが協調しながら処理をしていくようになると，さらに高度な機能を持ったプログラム構造（アーキテクチャ）が必要になります．アーキテクチャを考え始めるようになったら，一人前のプログラマの仲間入りです．

● LabVIEWプロジェクト

　実は機能追加のついでに，10Hz以下の周波数や，ゲインが小さくS/N比がとれないときにも安定して測定できるように，アナライザVIのRMS算出方法を改良し，自動測定側の測定シーケンスも対応し

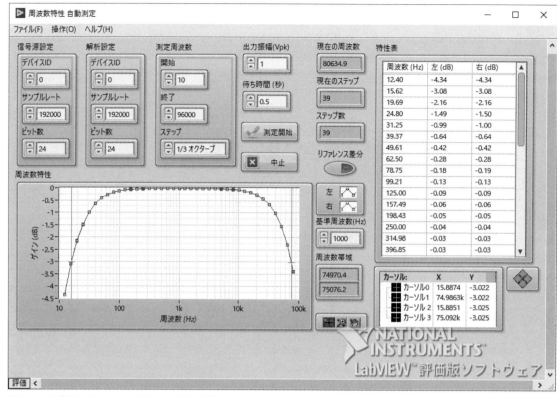

図7-54 アプリケーションによる入出力直結の特性

てあります．このVIで測定した入出力直結の特性を図7-54に示します．この特性をリファレンスとしてフィルタ回路の特性から差し引くと，減衰特性がほぼ-6dB/octの直線になります（図7-55）．

このプログラムは，プロジェクトにまとめてあります．LabVIEWプロジェクトはプログラムを作成するための管理ツールであり，特殊なVIやライブラリを作成したり，ファイルにアクセス権限を付与することもできます．実行ファイルと配布用のインストーラ・プログラムをビルドするのもプロジェクトで行います．

付属DVD-ROMの「サンプルVIリスト.lvproj」を開いて，仮想フォルダ・ツリーから「第7章」→「自動測定アプリケーション」→「プロジェクト」の下にある「周波数特性 自動測定.lvproj」をダブル・クリックして開いてください（図7-56）．その中の「Auto Meas Freq Resp_2.vi」がメインVIです．コンパニオンVIは，正弦波ジェネレータと歪率計を改造して使っています．何が違うのかを調べてみてください．

アプリケーション・ソフトウェアとして配布するための，実行ファイルとインストーラのビルド設定も盛り込んであります．試用版の制限で上級設定の一部ができませんが，実用上は問題ありません．インストーラ・プログラムはSetup.exeです．

本書ではLabVIEWプロジェクトの詳しい説明は行いませんが，ある程度LabVIEWを使っていくと

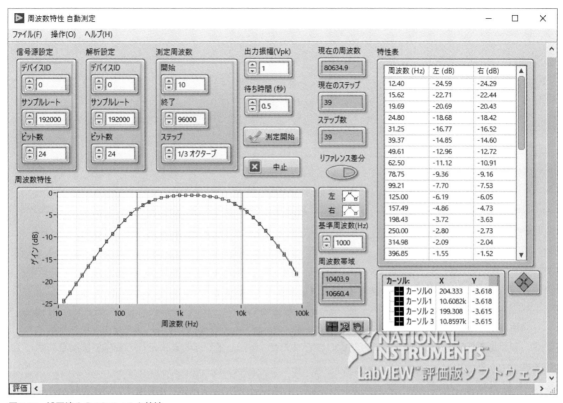

図7-55 補正済みのRCフィルタ特性

図7-56
アプリケーションのプロジェクト

7-3 自動測定VIのテストと課題

必要になるので，そのときヘルプやWebサイトの資料を参考に使ってみてください．

● **計測ハードウェアについて**

　今回は，なるべく多くの人に測定プログラムを体験して欲しかったために，PCに標準装備されているサウンド機能を使いました．VIを作っていて感じたのは，計測用としての使いにくさでした．例えば，OSのプロパティ設定が優先され，ハードウェアを直接制御できなかったり，サウンド入力で循環バッファの動作が今一つで効果的でなかったりしました．さらに困ったのは安定度の問題で，PCの稼働時間によって測定結果がだいぶ違うのです．温度の変化が影響しているのかもしれませんが，PCを起動して数時間経った後からでも，時間をあけて測ると明らかに特性が違います．

　計測用ハードウェアとドライバ・ソフトが提供する関数では，もっと簡単かつ詳細に安定した計測ができるので，本格的に計測する場合は，ぜひ計測ボードを手に入れて使ってみることをお勧めします．

コラム10　サンプルVIについて

　表紙カバーの裏面で紹介しているサンプルVIのうち，④サウンド入力オシロスコープと⑤ユーザ別データ・フォルダ作成VIは，サンプルVI収録のみで本文では解説していません．ここで簡単に機能を説明します．

④ トリガ式オシロスコープ／サウンド入力オシロスコープ（AppHome Folder.vi）

　A-Dコンバータで変換した信号をある程度まとめてグラフに表示すればオシロスコープになります．このサンプルVIは，以下の機能を追加しました．

- トリガ

　電圧レベルとスロープ（レベルを横切る方向）を決めて待ち受け，条件に合致した瞬間の波形を取り込む機能です．これは一瞬しか起こらない波形を捉えるために使用する機能です．

- プリトリガ

　トリガがかかった時点から少しさかのぼった時刻からの波形が記憶してあり，再度見ることができます．何か信号が変化したときは，その少し前から特徴が現れることが多いので，このプリトリガ機能が有効です．

　このサンプルVIは1回前のバッファを記憶できます．トリガ後の記録時間は比較的自由に設定できます．

⑤ ユーザ別データ・フォルダ作成VI（App Home Folder.vi）

　周波数特性を自動測定するプログラムの中で利用しているサブVIです．

　このVIは，プログラムが使うフォルダを自動的に作成します．ほかの人に使ってもらうプログラムは実験用のものより使い勝手に気を遣う必要があります．うまく測定できた条件設定をファイルに保存しておいて読み込んだり，プログラム終了時の設定が次回起動時に再現されていると便利です．そのためのサブプログラムです．

■ 付属DVD-ROMの使い方

● 動作環境

本書付属DVD-ROMには，LabVIEW 2017のインストール用ファイルを収録しています．

インストール方法は，本書p.72「3-3 評価版のインストール」を参照してください．

収録したファイルは，32ビット版ですが，64ビットOSでもインストールして使用することができます．

※英語のみで利用できる64ビット版は，テキサスインスツルメンツ社のWebサイトからダウンロードすることができます．

LabVIEW 2017は，日本語Windows 7（SP3）/8.1/10で45日の試用期間のみ利用できます．VIファイルはLabVIEW 2017で開くことができます．また，LabVIEW 2011でも開けるようにバージョンダウンしたファイルも同梱しました．

● 内容

LabVIEW 2017のインストール用ファイルと本書の中で作成したVIファイル，それとサンプルVIが収められています．LabVIEW 2017のインストール後に「サンプルVIリスト.lvproj」ファイルを開くと，仮想フォルダにすべてのVIのリストがあるので，ここから直接ファイルを開いたり，ファイルのある場所をエクスプローラで開いたりできます．サンプルVIリストの内容を**図A**に示します．

LabVIEW 2011～2016をお使いの方は，LabVIEW 2011フォルダの下の「サンプルVIリスト.lvproj」ファイルを開いてください．

● サンプルVI

本書の中で説明しているVIは，すべてダイアグラムつきで収められています．実習でVIがうまく作成できなかったときなどは，ここにあるVIを開いて参考にすることができます．

本書の中では触れていない，おまけのVIもいくつか収められています．「おまけVIについて.txt」ファイルに説明があります．

最終的に，PCのサウンド機能を使った「ファンクション・ジェネレータ」，「パワースペクトル解析」，「歪率計」，「周波数特性の自動測定」，「プリトリガつきオシロスコープ」．そして，WAVファイルを再生する「スペクトログラム」と「ボーカル・イレーサ」が手に入ります．

周波数特性の自動測定は，アプリケーション・ソフトウェアとして使用できるバージョンも同梱しました．LabVIEWがないPCにインストールして実行することができます．

図A　サンプルVIリストの内容

索引

■ 数字 ■
2のべき乗 ························ 21

■ A ■
A-D コンバータ ················· 19
AC'97 ···························· 130
ActiveX ··························· 59
AI ································· 42
API ······························· 59
Arduino ························· 118

■ B ■
BeagleBone Black ············ 118

■ C ■
Camera Link ·················· 117
CANopen ······················ 114
CompactPCI ···················· 38

■ D ■
D-A コンバータ ············ 31, 41
DAQ ···························· 115
DASY Lab ······················· 61
DataFinder ······················ 48
DeviceNet ······················ 114
DIAdem ·························· 48
DLL ······························· 67

■ E ■
Express VI ············ 87, 164, 203

■ F ■
FFT（高速フーリエ変換） ······ 53
FFT アナライザ ·················· 30
FPGA ··························· 121

■ G ■
GigE Vision ···················· 117
GPIB ························ 33, 113

■ H ■
HD Audio ················ 130, 133
HP-VEE ·························· 61
HT-BASIC ······················· 61
Hz（ヘルツ） ··················· 24

■ I ■
I^2C ···························· 118
IEEE 488 ······················· 113
IVI ································ 55

■ K ■
Kinect ··························· 118

■ L ■
Lab Windows ··················· 61
LabVIEW MakerHub ········ 118
Leap Motion ··················· 118
Linux ························ 58, 67

■ M ■
Mac OS ·························· 67
ModBus ························ 117
MXI ····························· 116

■ N ■
NI-DAQmx ···················· 115
NI-IMAQdx ··················· 117

■ O ■
OPC ····························· 67

■ P ■
PCI-Express ····················· 35
PCベースの計測器 ·············· 35
PROFIBUS ···················· 114
PWM ··························· 118
PXI ························· 38, 116

■ R ■
Raspberry Pi ··················· 118
RIO ····························· 121
RS-232C ···················· 31, 111
RS-422 ·························· 114
RS-485 ·························· 114

■ S ■
SCPI ······························ 55
SPI ······························ 118
sps（サンプル／秒） ············ 24
SQL ······························ 48

292　索　引

■ T ■

項目	ページ
TCP/IP	67, 109
TDMS	48
TEDS	32
TestStand	48
THD	241
Thunderbolt	116

■ U ■

項目	ページ
UDP	112
USB	31, 112
USB3 Vision	117
USBTMC	112

■ V ■

項目	ページ
VI Package Manager	119
VISA	109
VIテンプレート	124, 287
VXI	38

■ X ■

項目	ページ
XML	67

■ ア行 ■

項目	ページ
アイコン	66, 194
アクティブ化	73
アナログ	17, 19
アプリケーション・ソフトウェア	35
アプリケーション・ビルダ	119
イーサネット	31, 113
インスツルメーション・アンプ	19
インタープリタ	58
インボークノード	267, 268
エイリアシング	26
エディション	69
エンベッデッド	67
オシロスコープ	17, 24
オフセット	23
オンデマンド	43

■ カ行 ■

項目	ページ
階層構造	71
外部クロック	24
カウンタ	19
仮想COM	112
仮想化	49
カドミウム標準電池	16
基本波	53
キャプション	160
キャレット	213
キューメッセージ・ハンドラ	285
クイックドロップ	164
クラスタ	152, 155
グラフィカル・プログラミング	64
グラフパレット	224, 225
クリップ	23
グループ化	247
クロック	19
計測システム	33
計測器ドライバ	67
ケースストラクチャ	227, 228, 229
減衰器	23
校正	17, 20
合成抵抗	69
高調波	53
コンパイラ	58
コンパイル	58
コンボ・ジャック	131, 132, 145

■ サ行 ■

項目	ページ
サーミスタ	28
サブVI	66
サンプリング	24
サンプリング定理	26
サンプルVI	89, 129
試験管理	46
時系列データ	44
シーケンサ（PLC）	118
自動配線	182
実行のハイライト	96
実行ファイル	58
実行ボタン	91, 184
周期	24
周波数	24, 27
ジョセフソン効果	16
シリアル	31, 111
信号調節	36, 115
スカラ	175
スケジューラ	41
スタンドアロン型	35
ステート・マシン	256
スペクトラム・アナライザ	29
制御器	91
制御器パレット	91

制御シーケンス	33	バルボル	18
積分	44	パワー・スペクトラム	53, 130
センサ	27, 28	バンドル	172
増幅器	23	ビット数	21
ソース	58	微分	44

■タ行■

ターミナル	109	評価版	72
ダイアグラム	64	表示器	91
ダイナミック・レンジ	21	標本化	24
タイプ定義	160, 264	フィールド・バス	114
体重計	17	フーリエ変換	30
多態性	242	複合演算	173
ツール・キット	120	プラグイン・パワー	131, 139
ツール・ネットワーク	119	ブランクVI	124
デ・ファクト・スタンダード	16	フリー・ラベル	147
ディジタル・コード	21	フレーム・グラバ	117
ディジタル	17, 19	フレームワーク	52
データ・タイプ	169	プロジェクト	124, 288
データ・フロー・プログラミング	101	プロパティノード	177, 180
データベース	48	フロントパネル	64
データ処理	43	分解能	20, 21, 23
テキスト・ベースの開発ツール	58	ヘッドホン出力	131, 132, 133
デザインパターン	287	別名で保存	145, 146
テスタ	17	ポップアップ	36, 160
手続き型	101		

■マ行■

デバイス・ドライバ	35	マイク入力	130, 131
デフォルト値	220, 222	マシンビジョン	119
電流計	18	ミリボル	18
トランスデューサ	27, 41	メタデータ	37
トリガ	30	モーション・コントローラ	117
トリプル・クリック	161	モジュール	55, 56
トレーサビリティ	16	文字列連結	182, 183
同期	24	

■ヤ行■

ユーザ・インタフェース	36

■ナ行■

内部クロック	24		

■ラ行■

任信号発生器	31	ライブラリ	52
熱電対	28	リアルタイム	43, 68, 121
ノード	100, 109	離散的	19, 53
		量子化誤差	21
		列挙体	226, 231

■ハ行■

バーチャル・インスツルメンツ	49	ローパス・フィルタ	26
波形	44		

■ワ行■

波形データ・タイプ	155	ワイヤの色	169
白金測温抵抗体	28		
バリアントへ変換	267		

■ おわりに

　本書ではバーチャル・インスツルメンツの考え方と有用性について説明してきました．すでにあちこちで同様のコンセプトが使われていることにも気が付いていただけたと思います．また，計測プログラムを設計するにあたって，ハードウェアを理解して性能を引き出すための予備実験が重要であることも説明したつもりです．これは翻っていえば，ハードウェアの使いやすさ，つまり制御するためのプログラミングのしやすさと，特に意識しなくともある程度の性能を引き出せるようなAPIの有無が，生産性の高さにつながるということでもあります．

　計測アプリケーションの作成に関しては，LabVIEWが最適なツールであると自信をもって言えます．もちろん，C言語などほかの言語を駆使できるのなら，それに越したことはありません．ソフトウェア工学はLabVIEWを使う場合にも役に立ちます．

　LabVIEWはその生まれた経緯からして，プログラム開発そのものではなく，それを使ってするべき仕事や目的が別にある技術者のためのツールです．そういう人たちが本来の目的以外の部分で煩わされないように，できる限りの道具を取り揃えてくれています．ほとんどの場合，目的の機能をテキスト・ベース言語の数分の1の時間で実現することができます．また，本書では説明しきれなかった便利な機能やツールがまだまだたくさんあります．

　ただし，LabVIEWでは実現しにくい機能もいくつかあります．おもに，オフィス・アプリケーションのような見た目や操作性，システム・サービスやドライバへの直接アクセスです．無理に実現することもできなくはありませんが，時間もかかりますし性能もよくありません．そういう場合は，C言語などの助けを借りたほうが良いものができあがります．LabVIEWでDLLやActiveXサーバ，.NETアセンブリを作り，それをほかの言語から利用することもできるので，それぞれの長所を活かして補完しあえればよいと思います．

　LabVIEWが普及し始めたころ，C言語などに比べて，これを学ばせると将来が心配だとか，型宣言なしで変数を使うのが許せないなどといった議論がありましたが，いまはスクリプト系の言語が人気なせいでしょうか，そういった話はあまり耳にしなくなりました．物理メモリを大量に使うアプリケーションへの弱さも，PCの性能が上がったことと，64ビット版のLabVIEWによってだいぶ緩和されました．

　VIの作成はまだほんの入り口程度ですが，自分の作ったプログラムで実際に音が出たり特性の変化が見えたりするのはおもしろいと思いませんか．もしおもしろくないのなら，あなたは計測プログラムには向いていないかもしれません（笑）．というのは冗談として，少なくとも筆者はVIを作るのが楽しくて仕方がありません．

　得手不得手はあるものの，LabVIEWは守備範囲の広いツールであり，その気になればパッケージ・ソフトを作ることもできます．しかし，そのレベルのアプリケーションを作るにはもっと上級のテクニックや，気をつけなければいけないポイントが多くありますし，さらにハードウェアや計測自体についてなど，プログラミング以外の知識も必要になってきます．

　その手始めとして，本書でLabVIEWのおもしろさを感じ，何かを作って動かす楽しさを知っていただけたら幸いです．楽しさをエネルギーにしてLabVIEWのプログラミングを続けることがエキスパートへの近道だと思います．

　最後になりましたが，執筆にあたり大変お世話になったCQ出版社の今　一義さん，本書の出版に関わってくださった方々，そしてこの本を買って読んでくださった読者の皆様にこの場をお借りして御礼を申し上げます．ありがとうございました．

〈著者略歴〉
渡島 浩健（わたしま・ひろたけ）

　1960年東京生まれ．芝浦工業大学 通信工学科通信応用研究室 卒．合資会社クワトロシステムズ代表．幼い頃から，紙飛行機→プラモ→木工→ラジオ→オーディオアンプ→パソコン→PCソフトと辿ったモノ作り技術と，電子計測器メーカ勤務で培った計測と営業技術を無駄なく再利用して独立．LabVIEWを使った計測制御システムの開発を主な業務とする．LabVIEWとスキーと家族を深く愛し，それらを通じて豊かな人生を送ることを目指しているが，体が一つのため，特に冬季はそれらの両立に苦労している．

本書サポート用ホームページ　http://www.quatsys.com/booksupport3/

- ●**本書記載の社名，製品名について** ── 本書に記載されている社名および製品名は，一般に開発メーカの登録商標または商標です．なお，本文中では™，®，©の各表示を明記していません．
- ●**本書掲載記事の利用についてのご注意** ── 本書掲載記事は著作権法により保護され，また産業財産権が確立されている場合があります．したがって，記事として掲載された技術情報をもとに製品化をするには，著作権者および産業財産権者の許可が必要です．また，掲載された技術情報を利用することにより発生した損害などに関して，CQ出版社および著作権者ならびに産業財産権者は責任を負いかねますのでご了承ください．
- ●**本書付属のDVD-ROMについてのご注意** ── 本書付属のDVD-ROMに収録したプログラムやデータなどは著作権法により保護されています．したがって，特別の表記がない限り，本書付属のDVD-ROMの貸与または改変，個人で使用する場合を除いて複写複製（コピー）はできません．また，本書付属のDVD-ROMに収録したプログラムやデータなどを利用することにより発生した損害などに関して，CQ出版社および著作権者は責任を負いかねますのでご了承ください．
- ●**本書に関するご質問について** ── 文章，数式などの記述上の不明点についてのご質問は，必ず往復はがきか返信用封筒を同封した封書でお願いいたします．ご質問は著者に回送し直接回答していただきますので，多少時間がかかります．また，本書の記載範囲を越えるご質問には応じられませんので，ご了承ください．
- ●**本書の複製等について** ── 本書のコピー，スキャン，デジタル化等の無断複製は著作権法上での例外を除き禁じられています．本書を代行業者等の第三者に依頼してスキャンやデジタル化することは，たとえ個人や家庭内の利用でも認められておりません．

|JCOPY|〈（社）出版者著作権管理機構委託出版物〉
本書の全部または一部を無断で複写複製（コピー）することは，著作権法上での例外を除き，禁じられています．本書からの複製を希望される場合は，（社）出版者著作権管理機構（TEL：03-3513-6969）にご連絡ください．

お絵描きプログラミングでハードウェア制御
計測制御バーチャル・ワークベンチLabVIEWでI/O　　DVD-ROM付き

2018年4月15日　初版発行　　　　　　　　　　　　　© 渡島 浩健 2018
　　　　　　　　　　　　　　　　　　　　　　　　（無断転載を禁じます）

　　　　　　　　　　　　　　　著　者　　渡島 浩健
　　　　　　　　　　　　　　　発行人　　寺前 裕司
　　　　　　　　　　　　　　　発行所　　CQ出版株式会社
　　　　　　　　　　　　　　　〒112-8619　東京都文京区千石4-29-14
　　　　　　　　　　　　　　　電話　編集：03-5395-2122
　　　　　　　　　　　　　　　　　　広告：03-5395-2131
ISBN978-4-7898-4093-4　　　　　　　　　営業：03-5395-2141

定価はカバーに表示してあります　　　　　編集担当者　今 一義
乱丁，落丁本はお取り替えします　　　　　DTP　西澤 賢一郎
　　　　　　　　　　　　　　　　　　　　印刷・製本　三晃印刷株式会社
　　　　　　　　　　　　　　　　　　　　　　　Printed in Japan